生物学野外综合实践教学系列教材

小五台山植物学野外实习指导

Field-practice Guide for Botany in Xiaowutai Mountain

唐宏亮　赵金莉　张风娟　编著

電子工業出版社

Publishing House of Electronics Industry

北京 · BEIJING

内容简介

本书是为在小五台山进行植物学野外实习编写的教学指导用书。全书分为 4 章：小五台山概况；植物学野外实习的组织、实施与管理；植物标本的采集、制作和鉴定；小五台山主要维管植物类群与常见种类识别。全书收录了小五台地区蕨类植物 9 科 17 种，裸子植物 4 科 8 种，被子植物 84 科 559 种，彩色植物照片 1032 幅。

本书科学性、系统性和实用性强，对在小五台山进行植物学野外实习的各级各类学校师生有较强的指导作用，也可供科研人员参考。

图书在版编目（CIP）数据

小五台山植物学野外实习指导 / 唐宏亮，赵金莉，张风娟编著 . — 北京：电子工业出版社，2017.9
生物学野外综合实践教学系列教材
ISBN 978-7-121-32092-7

Ⅰ . ①小… Ⅱ . ①唐… ②赵… ③张… Ⅲ . ①植物学 – 河北 – 教育实习 – 高等学校 – 教学参考资料
Ⅳ . ① Q948.522.2-45

中国版本图书馆 CIP 数据核字（2017）第 154041 号

策划编辑：甄文全
责任编辑：甄文全
印　　刷：中国电影出版社印刷厂
装　　订：中国电影出版社印刷厂
出版发行：电子工业出版社
　　　　　北京市海淀区万寿路 173 信箱　邮编　100036
开　　本：720 × 1000　1/16　印张：22.75　字数：525 千字
版　　次：2017 年 9 月第 1 版
印　　次：2017 年 9 月第 1 次印刷
定　　价：188.00 元

凡所购买电子工业出版社图书有缺损问题，请向购买书店调换。若书店售缺，请与本社发行部联系，联系及邮购电话：（010）88254888，88258888。

质量投诉请发邮件至 zlts@phei.com.cn，盗版侵权举报请发邮件至 dbqq@phei.com.cn。

本书咨询联系方式：（010）88254760。

前言

相对于理论教学而言，植物学野外实践教学具有直观性、实践性、综合性与创新性的特点，在强化学生素质教育与培养创新能力方面具有重要的作用。野外教学实习过程中，指导教师从培养高素质、复合型专业人才的要求出发，结合野外实际情况，不断更新观念，以植物形态学和分类学为基础，以植物类群系统演化为导引，将学生能力培养和专业技能训练贯穿于始终，实现学生综合素质的全面提高。通过野外实习，学生不仅能够掌握植物标本的采集、压制、制作和植物种类鉴定的方法，将所学理论知识应用于实践，更重要的是野外实习能够激发学生的学习兴趣，培养其独立思考、解决问题和野外独立工作能力。植物学野外实习对于提高新时期生物科学类专业复合型人才培养质量，增强创新能力和社会适应能力，具有极为重要的作用。

小五台山具有丰富的野生植物资源，是华北地区生物多样性的中心。由于得天独厚的气候、地质条件，植物资源和基础设施条件，河北省及周边十余所高等院校（如北京师范大学、中国农业大学、河北大学、河北师范大学、河北农业大学等）将小五台山国家级自然保护区作为教学实习和实践基地。河北大学《植物学野外实习课程》主要面向生物科学类专业开设，自2002年开始在小五台山实习至今已有15年时间，目前已将小五台山作为稳定的教学实习基地。植物学野外教学实习是一项复杂的系统工作，为了使植物学野外教学实习良好地运转，实习指导教师制定了较为规范的操作流程，包括实习前动员、实习用品准备、实习过程的安排和协调、实习效果的评价和实习总结。经过多年实习、实践过程和建设，植物学野外教学实习软硬件条件、教学方法和实习后的评价都得到了很大改善，实习用具完备，实习指导教师队伍稳定，实习教学方法和评价已成体系。为了适应新时期植物学野外实习教学需要，更好地提高野外实习教学质量，满足学生对植物学野外教学实习参考书籍的渴望和需求，有效利用指导教师多年积累的教学经验和资源，我们组织长期处于教学一线的植物学实习指导教师，编写《小五台山植物学野外实习指导》书。本教材记录了河北小五台山国家级自然保护区常见植物97科347属584种，彩色植物照片1032幅，基本涵盖了植物学野外实习期间所涉及的植物种类。本教材共有4章，第一章小五台山概况，由唐宏亮负责编写；第二章植物学实习的组织、实施和管理，由唐宏亮负责编写；第三章植物标本的采集、制作和鉴定，由赵金莉负责编写；第四章小五台山主要维管植物类群及常见种类识别，由唐宏亮、赵金莉和张凤娟共同编写。

本书具有科学性、系统性和实用性强的特点，可作为在小五台山植物学野外实习的综合性大学、师范院校、农林院校及中医中药学院学生的教学指导用书，也可作为从事植物学教学和科研人员工作的参考用书。相信本教材的出版对我校在小五台山进行植物学野外教学实习的教学质量具有重要的促进和提升作用。

本教材的出版得到了河北省“生物科学专业综合改革试点”项目（冀教高[2012]53号）的资助。教材编写过程中，河北大学刘桂霞和房慧勇、河北师范大学石硕、河北农业大学李明提供部分种类的照片，在此表示感谢。本教材虽经全体作者多次讨论、修改和完善，但鉴于内容涉及面广，加之编者水平所限，书中难免会有错误、疏漏和不足之处，敬请使用本书的专家学者和师生批评指正。

目录

小五台山国家级自然保护区植被类型分布图

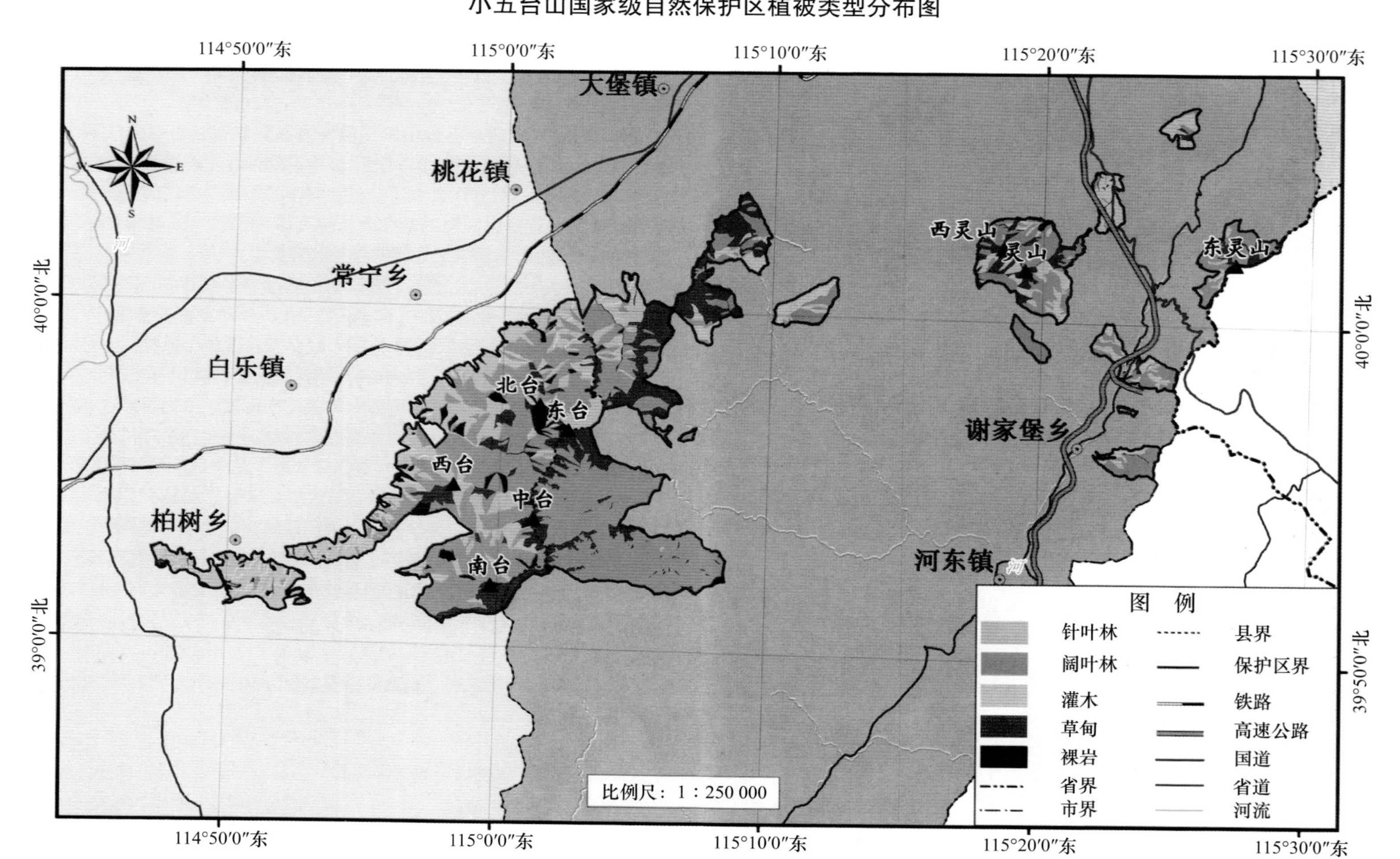

第一章　小五台山概况

小五台山位于河北省西北部，地处蔚县、涿鹿境内，东与北京市门头沟区及保定市涞水县接壤；距张家口市、北京市分别为150km和125km，距保定市、石家庄市分别为210km和230km；东经114° 47′—115° 30′，北纬39° 50′—40° 07′；东西长60km，南北宽28km，总面积21833hm^2。小五台山地势高峻、气候温和、雨量充沛，具有得天独厚的自然环境，目前已知高等维管植物1387种，是华北地区植物多样性的中心。

第一节　小五台山自然地理环境

一、地质和地貌

小五台山地处燕山、恒山、太行山三大山脉交汇地带，发生于中生代燕山造山运动，属大背斜地质构造。除沉积岩外，还有大量的岩浆岩及少量的变质岩，形成的山体成土母岩主要为石灰岩和板岩，其次是花岗岩和页岩。岩石多为断裂发育，且以垂直断裂为主，因而山峰挺拔峻峭，地形复杂，沟深坡陡，大多山坡坡度处在35°～70°。

小五台山属恒山余脉，有东、西、南、北、中五个突出的山峰，有别于山西五台山，因而得名小五台山。该区海拔在2300m以上的山峰有50多座，著名的东、西、南、北、中五座山峰，海拔均在2600m以上，其中主峰东台海拔2882m，为河北第一峰，被誉为“河北屋脊”。小五台山地貌类型主要为构造侵蚀成因的中、亚高山地貌，与北部以堆积成因的蔚县盆地地貌形成鲜明对比。由于山体的剧烈抬升和强烈切割，所以形成了以五个主峰为主体的中、亚高山地貌，仅在保护区东部与涞水和北京接壤处，有东灵山、西灵山为主体的中低山地貌。

二、气候和水文

小五台山气候属暖温带大陆季风型山地气候，具有雨热同期、冬长夏短、四季分明、夏季昼夜温差大等特点；年平均气温6.4℃，一月平均气温-12.3℃（山顶可达-38℃），七月平均气温22.1℃；年降水量400～700mm；冬季多西北风，夏季多东南风，山麓风速2m/s，最大风速可达20m/s；无霜期80～140天，9月中旬初雪，冻结期长达5～6个月，最大冻土层厚1.5m。

小五台山水资源丰富，主要山谷皆有溪河，水源来自于降水、地下水、潜水等。谷深坡陡、落差大，常形成急流和瀑布。五个台峰与东灵山、西灵山形成天然的分水岭。北西两台之水经赤崖堡、上寺、金河沟入安定河，南中两台之水由湖上、石片两沟出松枝口入壶流河，安定河、壶流河汇于水泉村后流入宣化境内，于渡口村注入桑干河。东台之水出老人沟与中台部分流水，出唐音寺沟汇于英吉村后，于大龙门注入拒马河。东灵山、西灵山之水经灵山沟汇入永定河。各沟河水常流不息且水质良好，对该区植被发育和人民生产生活具有重要作用。

三、土壤

小五台山主要土壤类型有亚高山草甸土、山地棕壤（包括生草棕壤、灰化棕壤和山地棕壤）及褐土类。

亚高山草甸土：呈黑棕色，疏松，肥力大。pH 6.0，有机质含量高达 10% 以上，分布于海拔 2500m 以上的阴坡和海拔 2100m 以上的阳坡。其上的主要植被为蒿草属、苔草属、委陵菜属等，木本植物仅见小片金露梅、银露梅、密齿柳等灌丛。其面积为 2183hm^2，占总面积的 10%。

山地棕壤：是在森林植被作用下，高强度淋溶过程形成的土壤。pH 6.5，有机质含量在 4% 以上，分布在海拔 1600 ～ 2500m 的阴坡和海拔 1400 ～ 2100m 的阳坡，主要植被为天然针叶林、针阔混交林及桦木林，林下木本植物有山柳、六道木、毛榛、忍冬、丁香等，草本植物有苔草、鹿蹄草、升麻等，林下阴暗、潮湿，多苔藓植物。其面积为 15283hm^2，占总面积的 70%。

褐土类：主要在森林或灌草丛植被下发育，淋溶作用较弱。土体呈褐色至黄褐色，pH7.0 ～ 8.0，有机质含量低（1% ～ 2%），多分布在海拔 1400m 以下的阴坡。其面积为 4367hm^2，占总面积的 20%。

第二节　小五台山种子植物资源和区系特征

一、植物资源概况

小五台山地区植物种类繁多，是华北地区植物种类最丰富的地区之一。据不完全统计，该区分布有种子植物 1136 种，隶属 97 科 467 属，占全省总种数（2800 种）的 40.6%，是河北省高等植物种类最为集中、植被最为典型、保存最为完好的地区。

在 1136 种种子植物中，以菊科、禾本科、蔷薇科、豆科植物种类最为丰富（425 种，占 37.4%）。木本植物占种类总数的 21.2%，其中以桦木属、松属、落叶松属、云杉属、栎属、杨属为主，构成小五台山森林植被的建群种或优势树种。草本植物占种类总数的 78.8%。小五台山五个台的台顶以莎草科植物为主，构成了亚高山草甸的主体。在草甸带以下，草本植物多生于林下、灌丛下、沟谷中。

在小五台众多植物中，属国家重点保护的植物有核桃楸、银杏（栽培）、长白松（栽培）、野大豆、膜荚黄芪、蒙古黄芪；中国特有植物有虎榛子、蚂蚱腿子和文冠果；河北稀有树种有臭冷杉和华山松（栽培），这些均是重点保护对象。按经济用途划分，具有食用价值的植物有软枣猕猴桃等 10 余种鲜果类植物；核桃楸、山杏等 10 余种食用油料植物；蕨菜、升麻等上百种野菜类植物；黄芩、毛建草（岩青兰）等 10 余种饮品类植物；珠芽蓼等几十种可食淀粉类植物；有紫草等 10 余种食用色素类植物。在小五台山，具有饲用价值的植物有榛、栎、桑、禾本科、豆科等 593 种植物；具有工业用途的植物有荆条、薄荷等 10 余种芳香油类植物；鼠李、栎类、沙棘等鞣料植物；栾树、野啤酒花等发泡剂类植物；桑、椴、胡枝子、杞柳等 10 余种藤条纤维类植物；具有美化、绿化、观赏和药用等价值的种类也很可观，包括乔木、灌木、花卉、耐践踏草本、攀缘类等园林绿化植物达 367 种；有麻黄、河北大黄等中草药材植物 390 种；牧草饲料植物 593 种。

二、科、属的分布类型

1. 科的分布类型

小五台山植物的科总体划分为 5 个分布类型：世界分布、热带－亚热带分布、温带分布、间断分布和特有科。所有 97 科中，42 科属于世界分布（含 330 属 873 种）；28 科属于热带－亚热带分布（含 62 属 106 种）；16 科属于温带分布（含 53 属 125 种）；9 科属于间断分布（含 17 属 40 种）；特有科仅 1 科（含 1 属 1 种）。

2. 属的分布类型

小五台山种子植物共计 467 属，按照吴征镒先生的中国种子植物属的分布类型，可划分为 15 个分布类型：

（1）世界广布属：有 63 属，占总属数的 13.49%。其种类大多为草本，分布较为普遍，是林下草本层的常见种类。

（2）热带分布属：有 68 属，占总属数的 16.83%。泛热带分布的有 42 属 69 种；旧世界热带分布有 7 属 15 种；热带亚洲至热带大洋洲分布有 6 属 7 种；热带亚洲至热带非洲分布有 8 属 8 种；热带亚洲（印度 - 马来西亚）分布有 3 属 5 种。

（3）温带分布属：有 280 属，占总属数的 69.31%。北温带分布的有 176 属，居 15 个分布类型的首位，占当地总属数的 43.56%。从以上统计可见，北温带分布类型在决定当地植物区系组成方面起着极为重要的作用，同时也表明该区系的温带性质。东亚和北美洲间断分布有 25 属，占总属数的 6.19%；旧世界温带分布有 58 属，占该地区总属数的 14.36%；温带亚洲分布有 21 属，占总属数的 5.20%。

（4）地中海区－中亚分布属：地中海、西亚至中亚分布有 9 属 11 种，分别占该地区属、种总数的 1.93% 和 0.96%；中亚分布区有 8 属 9 种，其属、种分别占该地区属种总数的 1.98% 和 0.99%。

（5）东亚分布：有 32 属 43 种，分别占该地区属、种数的 7.92% 和 4.75%，是华北温带落叶阔叶林林下或林间的重要组成部分。

（6）中国特有分布：有 7 个中国特有属，占该地区总属数的 1.73%。

三、小五台山种子植物区系特点

（1）植物种类丰富，生活型多样，草本植物发达。小五台山共有种子植物 97 科 467 属 1148 种，其中裸子植物 3 科 8 属 12 种，被子植物 94 科 459 属 1136 种；植物生活型丰富多样，从常绿乔木、落叶乔木到灌木、亚灌木、藤本植物以及一年生、二年生、多年生草本植物均有分布，并且草本植物发达，草本植物属占总属数的 78.37%。

（2）温带成分优势明显，并具有一定量的热带成分，显示出植物交汇的特点。本区 467 属植物中，属于温带分布有 280 属，占总属数的 69.31%（世界广布属除外），其中的木本属和草本属均为小五台山植被典型群落的建群种及优势种；热带分布属有 68 属，占总属数的 16.83%（扣除世界广布属）。这些属以草本植物居多，多为热带、亚热带分布区的边缘向温带的延伸，显示出植物交汇的特点。

（3）区系成分具有一定的古老性，但区系的特有程度较低。裸子植物在小五台山仅有松科、柏科、麻黄科3科8属。被子植物中的古老类群（如木兰科的五味子属、毛茛科、壳斗科、桦木科、榆科等）以及一些古老残遗成分（如臭椿属、黄栌属（*Cotinus*）、栾树属等）在小五台山均有分布。小五台山仅有东亚特有科1科和中国特有属7属，特有属仅占中国特有属的2.62%，反映了小五台山区系成分的特有程度较低。

第三节　森林生态系统、森林类型与植被垂直分布

一、森林生态系统

小五台山是华北面积最大、生态系统类型多样和保存完好的地区之一。华北的大部分地区，由于人类社会经济活动历史久远、人口密度大等原因，自然生态系统经历了数百年的反复干扰，原有的森林生态系统类型已遭到严重破坏，所以仅在小五台山等为数不多的深山峻岭之中，尚有极其珍贵的原生林和次生林存在。小五台山典型植物垂直分布带几乎包括了华北境内的所有天然林和主要的人工林生态系统类型。例如，海拔1200～1600m的辽东栎、白桦、山杨、花楸、五角枫、油松和侧柏群；海拔1600～2400m的云冷杉和华北落叶松群落等；海拔2400～2500m这段狭窄的过渡带，亚高山灌丛带有矮化的坚桦、密齿柳等群落；另有众多的以灌木为主体的自然生态系统类型。以上森林生态类型不仅构成了小五台山自然生态系统的主体，同时也为物种多样性和遗传多样性的保存提供了基本依托，由此也决定了小五台山在华北地区现有各种森林生态系统中最具代表性的独特地位。

二、森林类型

小五台山植被类型属泛北极植物区中国－日本森林植物亚区华北区，其森林类型可分为以下3种类型：

寒温性针叶林：属欧亚大陆北部泰加林向南延伸的部分。分布于本区的针叶树种有华北落叶松、云杉（青杆、白杆）、臭冷杉、杜松等，主要树种为华北落叶松和白杆，分布于海拔1600～2000m，生长良好，干直高大。

温性针叶林：为中山西部的油松针叶林，多与白桦、坚桦组成针阔混交林，林下灌木有毛榛子、虎榛子、胡枝子等，多分布于海拔1600m以下的低中山坡。

温性落叶阔叶林：主要有山杨、桦树和辽东栎。辽东栎林为典型的落叶阔叶林，主要分布在海拔1200～1600m，常与油松、白桦混交，但接台寺海拔1450m的阳坡分布着林相整齐，生长良好的辽东栎纯林；桦树－山杨混交林占天然林60%以上，以白桦居多，山杨林面积不大，多分布在海拔1300～1800m；杂木林主要有春榆、黑榆、裂叶榆、小叶朴、椴、柳、槭、白桦、山杨等，无明显优势种，但分布较广，大多生于1600m以上的沟谷。

三、小五台山植物的垂直分布

小五台山形成典型的垂直分布带谱，在华北地区最具代表性，具有重要的保护价值，植被从

低海拔到高海拔可划分为 6 个垂直带：

农田果林－次生灌草丛带：是小五台山垂直分布带中人类社会经济活动影响最强烈、最频繁的地带。该带以农田和人工栽植的经济果林为主，仅见零星分布的白桦、油松，灌木以沙棘为主，也有虎榛和平榛。

阔叶林带：仅出现于山地的阴坡。树种单一，主要树种为白桦，其间零星分布着云杉，立地条件较好的地段营造了成片的油松林。白桦林下木本植物主要有深山柳、花楸等。

针阔混交林带：分布在海拔 1700 ～ 2000m 的阴坡和海拔 1400 ～ 2000m 的阳坡。主要树种有华北落叶松、云杉、白桦和红桦、辽东栎等；林下木本植物主要有深山柳、花楸、北京丁香等；草本植物主要有唐松草、升麻等。

针叶林带：仅见于山地的阴坡。建群种为华北落叶松和云杉，冷杉、杜松呈零星分布，伴生树种及林下灌木、草本植物稀少，主要有蓝靛果、蔷薇、花楸、鹿蹄草和升麻等。

亚高山灌丛带：处于草甸与森林的过渡地带，宽度约 50m。主要木本植物为硕桦以及与其混生的灌木种类，如密齿柳、蔷薇等；草本植物主要有地榆、乌头、嵩草等。

亚高山草甸带：处于小五台山垂直带谱的最上部，分布于海拔 2100m 以上的阳坡和海拔 2500m 以上的阴坡。以莎草科的高山嵩草、矮草和云间地杨梅等为优势种，随着海拔的升高，植株逐渐矮化。

第二章　植物学实习的组织、实施与管理

植物学野外实习是植物学课程教学的重要组成部分，对于加深和巩固课堂所学理论知识，扩大和丰富学生植物学的知识范围，具有重要的作用。通过野外实习，不仅使学生能够掌握植物标本的采集、压制和制作、植物种类的识别和鉴定、植物检索表的编制、植物检索工具书的熟练使用等专业技能，更重要的是认识自然界植物的多样性、分布及其与环境的关系，培养学生独立分析和解决问题的能力，激发学生学习植物学的兴趣。由于植物学野外实习是在山区开放的环境下进行的，实习的组织、实施与管理有着特殊性，所以需要制定详细的工作方案和规范的操作程序，这对于保障实习的顺利进行至关重要。

第一节　植物学实习的目的和要求

一、植物学实习的目的

（1）印证、巩固、扩大和强化课堂教学内容。植物学是一门理论性和实践性很强的学科，包括植物形态、解剖学及系统分类学的知识。野外实习过程中，学生不仅要采集、压制和制作一定种类和数量的标本，观察植物多样性的分布格局，更重要的是需要详细观察植物外部形态特征、解剖植物、反复查阅植物形态学术语以及利用工具书鉴定植物。在此过程中，植物学课堂教学内容在野外实践中得到了应用和加强。因此，通过野外实习，充分调动了学生学习的积极性，巩固和加强了课堂所学基本理论和知识，扩大了植物学知识范围，为胜任本专业或其他相关专业的工作打下坚实基础。

（2）理解植物多样性的分布及与环境之间的关系。植物多样性分布格局的形成与环境因子密切相关，两者相互作用、相互依存和相互制约。在野外实习过程中，通过选择不同采集路线，指导学生观察和比较不同生境条件下的植物种类多样性及生长状态（如阳生植物和阴生植物，旱生植物和湿生植物，低海拔分布的植物和高海拔分布的植物），认识森林、灌丛、草甸、湿地等主要生态环境类型和特点，加深对植物多样性的水平和垂直分布格局的形成及其与环境关系的理解。

（3）培养分析和解决问题的能力及良好的团队协作精神。植物学野外实习是在贴近自然的开放环境下，按照既定的实习任务目标和考核要求，以划分的“实习小组”为核心单元进行的教学活动，涉及植物形态特征的观察、不同生境植物多样性的分析比较、植物标本的采集、压制和制作以及利用工具书鉴定植物等方面。野外实习过程中，指导教师除提供必要的辅助外，学生均需独立完成实习的任务目标，指导教师根据完成情况对各个小组进行阶段考核。在此情况下，学生“实习小组”自然形成一个有机的整体，小组成员积极发挥自身主观能动性，迅速定位自我，各司其职，各尽所能，团结协作，积极认真完成实习的目标和任务。

二、植物学实习的要求

为了控制植物学野外实习的教学质量，达到实习的目的，完成实习所定的任务目标，制定了以下 7 个方面的要求。

（1）掌握植物野外调查的基本方法和步骤，熟悉各种调查工具的使用方法。

（2）掌握观察和描述植物的技能，学会解剖植物的花和果实。

（3）掌握植物标本的采集、压制和制作方法。

（4）掌握植物志、检索表等工具的使用方法，并能正确鉴定植物。

（5）学会归类植物到某一个分类群（科或属）中，并能识别 200 ～ 300 种小五台山常见植物种类。

（6）熟悉实习地不同生境类型及特点，观察并理解小五台山植被垂直成带现象，了解植物生态野外调查的基本方法。

（7）撰写植物学野外综合实习报告。

第二节　植物学实习的组织和管理

一、实习时期的选择

在小五台山地区，每年的 7—8 月是植物生长的旺季，大多植物正处于开花或结果的时期，适宜植物形态的观察、植物标本的采集和鉴定，因此大多院校将此时期作为植物学野外实习的最佳时段。不同院校在教学计划的安排方面存在差异，因而在实习时期的选择上也会有所不同，一些院校选择 7 月中旬进行，另有一些院校选择 8 月底或 9 月初进行。实习的具体时间跨度以 7 ～ 10 天为宜。除了需要考虑教学计划和天气情况外，实习时期也需要考虑实习地的计划安排。目前，已有 10 余所院校在小五台山进行植物学、土壤学、地质学等相关课程的教学实习，因此每年的 7—8 月是小五台山国家级自然保护区管理局接待相关院校进行相关课程实习的高峰期。由于接待能力所限（200 ～ 300 人），不能容纳多所高校同时进行实习，因此在进行植物学野外实习之前需要做到尽早计划和提前沟通，确定实习的具体时间，以免延误实习。

二、实习地点和路线的选择及考察

选择理想的实习地点和路线是保证野外实习质量的关键。实习地植物种类的丰富度、生态环境的多样性、植被的类型、植物的垂直分布等是选择实习地点和实习路线的考量因素。小五台山植物种类丰富、植被类型和生境复杂多样、人类活动干扰少、交通和食宿便利，是理想的植物学野外实习基地。

野外实习前，指导教师需要提前到实习地进行实地考察，熟悉实习地的自然环境、植物种类及分布状况，有针对性的选择几条不同生境类型和不同植被特色的实习路线。小五台山国家级自然保护区有四个管理区：金河口、杨家坪、山涧口和辉川（2015 年新增）。其中，金河口和杨家坪管理区具有便利的交通、良好的食宿条件以及可供进行实习教学活动的场所，是进行植物学野外教学实习的首选之地。

经过相关院校多年的实习实践探索，有多条植物采集路线可供选择：金河口管理区有郑家沟、章家窑、桦榆坡、金河沟、西台；杨家坪管理区有吕家湾、河槽、分沟、北沟、东沟、贺家沟、西灵山；位于山涧口管理区的山涧口具有丰富的植物种类、多样的生境和植被类型，常作为实习的备选之地。为确保野外实习的顺利有效进行，实习指导教师在进行实地考察时，也需要对实习过程中有可能遇到的困难和危险进行分析，并针对性地做出相应的准备和防范措施。另外，需要与小五台山自然保护区沟通确定实习期间的食宿、授课场所、植物标本压制和制作场所，这些准备工作为实习工作的全面开展奠定了基础。

三、实习的组织

植物学野外实习是在学校教务部门和学院领导下进行的实践教学活动。学校教务部门或学院负责实习经费的拨付和审批，学院院长或主管教学的副院长负责实习动员，系主任负责实习的统筹安排及协调。具体外出实习人员由参加实习的学生、实习指导教师、实验管理人员、学生辅导员、医生等人员组成。实习前应成立由野外实践经验丰富和较强组织管理能力的指导教师担任团长、年轻骨干教师担任副团长以及其他实习成员参与的实习团队，负责实习动员会的组织、野外实习期间的食宿安排、与实习地的沟通协调、学生的组织管理、实习安全保障、实习经费的使用等事务。野外实习的教学过程由专业指导教师负责，包括植物采集路线的确定、实习工具的使用方法、植物学实习基本知识和方法的讲解、实习过程中的具体指导、实习考核的组织和实施等方面，实习指导教师和学生按 1 ： 20 配备，实习指导教师应选配教学经验丰富、年富力强、业务素质过硬和具有一定管理能力的专业教师。实习后勤保障人员由学生辅导员、实验管理人员和随队医生组成。学生辅导员负责学生的纪律、政治思想、安全保障、食宿的组织和安排，实验管理人员负责实习物品的采购、实习工具的管理与发放、食宿的联系、实习经费的具体使用等方面。随队医生负责实习期间常见易发病的处理、创伤的包扎以及对可能的出现的其他意外进行救助等方面。学生以实习小组为单位参与实习期间的所有教学活动，每组以 9 ～ 11 人为宜，按一定的男女比例组成，设组长 1 名，副组长 1 名，负责实习用品的领用及分配和保管、实习小组成员的召集、实习任务的领取、实习小组成员的安全保障等方面。

四、实习纪律及注意事项

野外实习是植物学实践教学的一项重要活动，时间短，人员分散，环境复杂多样，组织管理难度大。为确保实习的顺利进行，保证师生的人身和财产安全，防止意外事故发生，要求参加实习的全体人员必须遵守实习纪律，熟悉有关注意事项和安全防护常识，最大限度地降低可能出现的损失和危害。

1. 实习纪律

（1）遵纪守法，服从管理，听从指挥。服从带队教师的管理，听从指导教师和实习小组组长的业务安排，遵守实习地的各项法律法规，尊重当地的风俗习惯。

（2）安全至上，生命至尊，预防为主。牢固树立安全责任意识和忧患意识，杜绝冒险蛮干，以组为单位进行实习，严禁个人擅自脱离实习队伍单独行动，确保实习过程中的安全操作。

（3）尊师重教，团结协作，勇于承担。崇尚尊师爱生、团结互助的精神，发扬艰苦朴素、吃苦耐劳的优良作风，勇于承担艰苦工作任务，主动磨炼自己的意志，争取在较短的时间内学到更多的东西，做到思想、业务双丰收。

2. 注意事项

（1）关于植物标本采集过程中的注意事项：严禁随意采食野果、蔬菜、花卉、经济水果（如杏）、林木幼苗以及金莲花、兴安升麻（苦菜）等珍稀濒危植物；禁止采集靠近悬崖或处于危险边缘（如深水坑）的植物；采集植物时注意避免蛇、蜘蛛、蚂蚁等动物伤害到自己；靠近山体一侧进行采集时要注意落石，以免砸伤；平地或斜坡采集时要注意脚下的坑或断棱，以免栽倒；在砾石滩、石坡等进行采集时，注意湿滑，以免滑倒或滚落；在公路两侧采集时，注意行驶车辆，以免发生交通事故；注意采集工具（如铁锹、枝剪等）的使用，切忌伤害到自己和他人，保管好实习物品，避免丢失；外出采集标本严禁携带火种、抽烟，以防火灾的发生。

（2）关于个人身体健康状况方面的注意事项：对于有既往病史、恐高症或因爬山等剧烈运动诱发身体功能障碍的，需要提前与带队教师沟通，以便做出相应安排和采取必要的防范措施。对有恐高症的同学，避免攀爬高海拔的山体或安排小组成员进行协助；对于身体缺钙的同学，避免攀爬和剧烈运动，否则可能会引起肌肉痉挛或抽筋，难以下山；对于患有高血压及近期动过手术的同学，则禁止攀爬高海拔的山体；对于患有心肌炎、湿疹、荨麻疹及身体其他部位不舒服的，则需要就医进行积极治疗。

（3）关于野外实习期间食宿及业余生活方面的注意事项：野外实习期间，不允许擅自单独行动；严禁在河道、低洼地、水库及其他水流湍急的地方游泳、洗澡、漂流，个别地方水体较深，注意远离；不允许酗酒、抽烟、赌博、打架；严格作息时间，按规定时间集合、吃饭、休息、洗澡，避免浪费；登山或剧烈活动后，严禁饮用冰水或用凉水洗头，以免感冒发烧；注意保持实习场所和住宿场所环境卫生干净整洁，讲究个人卫生和集体卫生；师生之间、同学之间要互相关心，互相帮助，谦虚谨慎，诚恳待人。

3. 安全指南及防护措施

山区气候多变，自然环境复杂多样，雷雨天气、蚊虫叮咬、迷路、中暑、受伤等各类不愉快的情况偶有发生，必须引起师生的高度注意。

遇到雷雨天气，应避免外出活动；如果在外出采集过程中遇到雷雨天气，需要及时关闭手机、GPS 等电子设备，不能打伞，也不能在树下避雨，应就近在山崖下暂避。

遇到擦伤、小刀划伤或玻璃碎片等引起的出血或小面积创伤，则应及时由随队医生进行伤口消毒或做必要的包扎处理；如遇到扭伤、摔伤、脱臼、骨折等大的伤害时，则需要及时由带队教师送至医院进行必要的处理，以免引起严重的后果。

实习中严禁采食野果、野菜、蘑菇等，以免发生食物中毒；如采食，需立即进行催吐处理，并弄清食物来源，送医就诊。

在进行植物标本采集时，需要注意对麻叶荨麻、狭叶荨麻、宽叶荨麻、蝎子草等种类的识别，以免被其上有毒的蜇刺所蛰伤；如果发生蛰伤，可用黄花蒿或蒲公英的汁液缓解。除此之外，也需要防范蜱螨类、蚂蚁、蜂类、蛇类等的叮咬，其中以蜜蜂和蛇的叮咬较为严重。被蜜蜂蛰伤后，需先剔除断刺，后用弱碱性液体（3% 氨水、5% 苏打水、肥皂水）涂抹伤口，如过敏，则需送医就诊。一旦被毒蛇咬伤，立即用肥皂水冲洗残留在皮肤上的毒液，并用绳子、布条等绑紧伤口近心端，同时冰镇伤口，内外服用蛇药，尽快送医就诊。

野外采集标本时，天气炎热，紫外线强，且运动量大，如不注意防护，除容易晒伤外，也很容易发生中暑，表现为疲劳、头痛、恶心等症状，此时需及时至阴凉处，饮用少量淡盐水或绿豆汤，同时服用藿香正气水。

在水边采集标本时，应特别注意，以防发生溺水事故。如果发生，则须立即施救，清除口鼻内的脏物，保持呼吸畅通，如呼吸微弱，应及时进行人工呼吸并采取保暖措施，立即送往医院抢救。

山区地形复杂，如果单独行动或掉队，容易迷路走失。当发现自己迷路时，应保持冷静，寻找有信号的地段打电话求救，并发送地理位置 (可下载手机 GPS 工具箱软件)，等待救援，切忌乱走，避免消耗体力，给救援人员搜寻带来困难。

第三节　植物学实习的实施过程

一、实习前的动员

在植物学野外实习前，必须进行统一的实习动员工作。参加人员包括学院院长或主管教学的副院长、系主任、指导教师、学生辅导员、实验管理人员、随队医生及所有参加实习的学生。实习动员的主要目的在于：①强调实习纪律和安全注意事项。②明确实习目的、内容和考核要求。③清楚实习地基本情况、实习时间安排、实习路线和分阶段计划要求。④介绍实习指导教师、学生辅导员、实验管理人员、随队医生的任务分工及联系方式，组织学生进行实习小组的划分，安排学生做好实习前的各项准备工作。

二、实习用品的准备

实习日期确定后，需要根据实习内容、实习人数、分组情况进行相关用品的准备。实习用品以小组为单位统一领取，实习小组组长负责签领和分发，实习结束后统一归还。实习期间所用实习用品分列如下。

1. 共用物品

体式显微镜：用于植物细微结构的解剖和观察。

投影仪：辅助实习教学讲解及所拍摄植物图片的投影播放。

小型扩音器：辅助学生的集合和实习内容的讲解。

GPS：用于记录经度、纬度等信息。

植物标本烘干器：用于压制标本的快速干燥。

瓦楞纸：用作植物标本快速干燥时的中间夹层，具有通风透气作用，与植物标本烘干器配合使用。

望远镜：用于植物的远距离观察。

切纸刀：进行植物腊叶标本制作时，用于固定植物纸条的裁切。

白乳胶：用于植物腊叶标本制作，叶片等部位的粘贴。

药品：用于实习过程中可能出现的不良反应、创伤、疾病进行治疗和症状的缓解。携带药品包括创可贴、风油精、医用纱布、晕车药、蛇药、感冒药、中暑药、止泻药、抗过敏药等。

2. 每个实习小组需要领取的物品

对讲机：用于外出标本采集时，指导教师与学生之间、各实习小组之间的随时联系。

标本夹和吸水纸：两者配合用于植物标本的压制。标本夹是用木质板条钉成的两块夹板，大小为43cm×31cm；吸水纸用于压制标本时吸收水分，以草纸、麻纸为最好，也可用旧报纸替代。

枝剪：用于剪取木本植物的枝条以及对植物标本进行修剪整形。

采集袋 / 采集箱 / 采集筐：野外采集标本时临时存放新鲜标本，常用厚质的塑料袋代替。

掘根器或铁锹：用于挖掘植物的地下部，以保证植物标本采集的完整性。

采集标签：将质硬且防水的纸剪成4cm×2cm大小，一端穿孔，系上细线，采集标本时，系在标本上，并在其上注明采集编号、采集人、生境、海拔、采集地点、采集时间等信息。

野外记录标签：统一印制，大小为7cm×10cm，用于标本采集和鉴定时记录植物标本的特征。

鉴定标签：统一印制，大小为7cm×5cm，植物标本经过鉴定后，用来定名的笺。其上应标明植物所属的科、属、种的中文名称及学名、鉴定人及鉴定日期。

镊子、双面刀片、解剖针：镊子用于标本的整形及花的解剖；双面刀片用于标本的制作；解剖针用于花器官的解剖。

放大镜：用于植物的细微特征的观察。

钢卷尺 / 直尺 / 胸径尺：钢卷尺用于测量植株的高度（草本植物）；直尺用于叶片、花直径、花萼等大小的测量；胸径尺用于木本植物胸径的测量。

激光测距仪：用于高大木本植物高度的测量。

海拔仪：测定采集地点的海拔高度之用，需用GPS进行校正。

罗盘：用来观测方位和坡向、坡度等。

相机：用于拍摄植物生境照片，便于后期总结，在实习中也可用智能手机替代。

纸袋：用来保存标本上掉落下来的花、果和叶之用。

自封袋：用于临时保存形体较小的植物。

塑料广口瓶：用于存放固定液。

固定液：用于保存肉质肥厚的植物标本。

台纸：用于植物腊叶标本制作的背景纸板，以厚的卡片纸为佳，大小为41cm×30cm。

硫酸纸：覆盖于制作好的植物腊叶标本上。

工具书：用于植物标本的鉴定，需携带《河北植物志》《北京植物志》《小五台山植物志》《小五台山常见植物图鉴》《植物学野外实习指导》《中国高等植物图鉴》。

3. 个人用品

学生证和身份证；雨具（雨伞或雨披）；衣物（登山服、登山鞋、背包、遮阳帽、厚袜、手套；洗漱用品（毛巾、洗发膏、拖鞋、洗脸盆）；水杯、饭盆、筷子、勺子；常用文具（铅笔、小刀、橡皮、直尺）；手电筒；防晒霜；花露水；苍蝇拍或粘蝇纸；个人必用药品（特殊病史的必须携带）。

三、乘车出行及到达实习地的事项安排

在完成所有实习用品的准备后，所有参加实习的师生必须按照规定的时间，携带相关物品，在规定的地点，以组为单位集合。每个实习小组组长、副组长负责核查实习用品携带是否完备及小组成员是否到齐。实习指导教师及保障人员负责指引学生装车，并以组为单位有序乘车，严禁不按要求换乘车辆或私自调整座位。车辆行驶过程中，需按车辆司机的要求文明乘车，严禁将头手伸直车外，做到不大声喧哗，保持车内卫生干净整洁。如遇车辆中途休息或短暂停留，需按规定时间要求乘车，实习小组组长、副组长再次负责清点人数。车辆行驶至实习地后，每个实习小组需按要求搬运实习用品，并在实习地小五台山工作人员、指导教师及保障人员的安排指引下前往住宿地。住宿安排妥当后，所有人员以组为单位携带餐饮用具前往指定地点就餐，并听候进一步的实习安排。

四、实习内容的实施及具体要求

植物学实习是在野外开放的条件下进行的教学实践活动，时间安排紧，人员多且分散，任务集中，组织管理难度大，需要实习指导教师、实习保障人员、实习地工作人员和学生的齐心协力才能达到理想的实习效果。由于学生在实习前所学植物学知识均来自老师的讲解及教科书，缺乏植物标本采集、制作、鉴定等相关内容的实践操作，因此在实习地正式野外出行前，必须进行相关内容的讲解和操作实践，需要一个简短的过渡。此外，到达实习地后，学生对实习地的饮食、住宿、实习管理方式等有一个适应过程，需进行短暂的调整适应，以达到良好的实习状态。一切工作准备就绪后，指导教师需召集学生前往指定地点进行相关实习内容的讲解和操作示范，包括植物形态的观察，实习工具的使用方法，植物标本的采集 / 压制 / 整形 / 制作方法、植物志等工具书的使用方法和植物标本的鉴定方法。讲解完毕后，组织学生以组为单位携带相关实习用品在实习住所地周边进行相关内容的实践操作，完成 5～10 种植物的标本采集、压制、整形、观察和记录方法，并用植物志等工具书确定其学名，为随后几天的所有工作奠定基础。

1. 植物种类的观察

植物学野外实习的一个主要目的是培养学生观察植物的能力，这是进行植物种类鉴定和识别的基础。对被子植物来说，需要分别从生长习性、根、茎、叶、花 / 花序、果实和种子等方面进行认真、详细的观察和记录；对裸子植物来说，需要观察树皮、叶形、叶的着生方式、雄球花、雌球花或球果、种子等特征；对蕨类植物来说，需要观察叶的着生方式、根状茎及其上的附属鳞片、孢子囊、囊群盖等特征。对于难以用肉眼观察的植物，如紫草科、禾本科等植物的花器官，则需要借助放大镜、解剖镜等工具完成观察和解剖。在此过程中，学生会不断查阅植物分类形态学术语和植物志中该种类的特征，观察和解剖植物的花器官，从而掌握植物种类的观察和花器官

的解剖技能。此项内容贯穿于实习的始终，要求每个学生独立完成10个不同科植物种类的观察和花器官的解剖。

2. 植物标本的采集、压制和制作

植物标本的采集、压制和整形贯穿于野外实习的始终，是后期标本制作的关键。比如对草本被子植物来说，一份压制合格的标本应尽可能包括根、茎、叶、花、果实和种子；对于木本被子植物来说，应包括枝干、叶片、花、果实和种子等部位；对裸子植物来说，应包括枝条、叶、雄球花、雌球花或球果等；对蕨类植物来说，应包括根、根状茎、孢子叶、孢子囊等部位。通过规定种类和数量标本的采集和压制，要求学生掌握植物标本的采集、整形、压制方法及实习工具的使用。对于采集和压制的合格标本，在进一步整形的基础上进行腊叶标本和液浸标本的制作，要求每个实习小组制作不少于200个种类的腊叶标本和10个种类的液浸标本，掌握植物腊叶标本和液浸标本的制作方法。

3. 植物种类的鉴定和识别

采集的新鲜标本或制作的腊叶标本均需通过正确的鉴定给出拉丁学名和分类等级，这就需要在野外尽可能采集特征全面的植株并进行认真全面的观察和详细记录，进而才能利用植物志、检索表、植物生态图鉴等工具对植物进行有效的鉴定。此项内容主要在实习驻地进行标本整形过程中和标本制作后完成。要求学生掌握植物志、检索表等工具的使用方法，并能基于野外观察记录和采集的植物标本提供的信息正确鉴定100～200种植物，同时在大量种类识别基础上学会归类未进行鉴定的植物到某一个分类群（科或属）中。在进行正确鉴定后，要求学生对该植物进行"回头看"，详细观察该种植物，提取关键识别特征（特别是营养体的特征），以便根据此特征进行种类的识别，要求学生能够识别200～300种小五台山常见植物种类。

4. 不同生境植物物种多样性的比较分析及植被垂直分布谱带的观察

野外实习期间，学生需在指导教师的引领下，沿着不同生境的既定采集路线进行植物标本的采集和植物生长环境的观察。此项内容主要在植物标本野外采集过程中完成，要求学生记录每个生境植物种类、熟悉森林、灌丛、草甸、湿地等主要生态环境类型和特点，同时对每个生境中的植物物种多样性进行比较分析，并将观察结果总结在实习报告中。

随着海拔高度的变化，小五台山形成了明显的植被垂直谱带，即农田果林带、次生灌草丛带、阔叶林带、针阔混交林带、针叶林带、亚高山灌丛带和亚高山草甸带，这些垂直谱带的观察对于学生深入理解植物分布与环境之间的关系至关重要。此项内容由于徒步行走里程长、消耗体力和时间多、生境多样且复杂，因此必须选择合适的时间（如晴朗的天气），采取观察和记录为主，采集为辅的方式，沿既定的行走路线进行植被垂直谱带的观察，要求学生记录每个垂直谱带的优势植物种类，同时将总结观察结果体现实习报告中。

五、植物学实习的考核

实习考核是提高实习教学质量和巩固实习教学效果的有效手段。采取客观、公正的多元化实习考核体系对于提高学生学习的主动性和积极性、督促学生认真完成实习任务和保障实习安全有序进行具有至关重要的作用。实习考核可从以下三个方面进行综合评定。

实习表现：采取实习指导教师评定（权重 0.6）与学生实习小组内外互评（权重 0.4）相结合的方式进行评定。分别从遵守纪律、团队协作、实习用具的使用及保养、实习总结幻灯的制作及交流展示等方面进行。此项考核占实习总成绩的 30%。

专业技能：实习指导教师通过“实地查看”（权重 0.5）和“单独面试”（权重 0.5）相结合的方式进行评定。实地查看主要从植物标本采集记录是否完备和规范、植物标本的采集、制作的质量和数量以及植物标本是否鉴定正确三个方面进行考量；单独面试主要考察学生对所采集植物种类的识别程度，即以采集和制作的 200 种植物腊叶标本作为考试材料，指导教师从中随机抽取 20 种，让学生进行识别（科、属、种）。此项考核占实习总成绩的 40%。

实习报告：实习结束后，每个学生均需撰写一份合乎规范、内容完备的实习报告。实习报告内容按以下提纲进行撰写：①实习的目的及意义。②实习时间、地点及参加人员。③实习内容及要求。④实习过程。⑤实习成果。⑥实习的心得体会。此项考核占实习总成绩的 30%。

第三章　植物标本的采集、制作和鉴定

植物标本包含着一个物种的形态特征、地理分布、生态环境、物候期等信息，是植物分类学、系统与进化生物学、生态学以及其他植物学相关领域进行教学科研必备的实物资料和凭证，也是订正和识别植物最重要的第一手资料。植物的生长发育具有季节性和地域性的局限，为了有效进行科研交流和教学活动，很有必要进行植物标本的采集和制作。一份合格的植物标本需经过采集、整形、制作、鉴定及消毒处理等工序，才能长期存放于标本馆（室），供研究或教学查阅使用。植物标本有腊叶标本、液浸标本、浇制标本、玻片标本、果实和种子标本等多种保存方式，最常见的为腊叶标本和浸渍标本，其中腊叶标本对于植物分类工作意义重大，它使得植物学者在一年四季中都可以查对采自不同时间和地区的标本。目前国内外各大植物标本馆主要以保存腊叶标本为主，也有一些浸渍标本，二者互为补充。

第一节　种子植物标本的采集、制作和保存

种子植物是植物界最进化和最繁茂的类群，具有发达的孢子体、完善的维管组织，以种子进行繁殖。种子植物可分为裸子植物和被子植物。裸子植物的种子裸露，外层没有果皮包被，被子植物的种子为果皮包被。裸子植物和被子植物标本的采集、制作和保存具有很多共性之处，因此将二者并在一起进行阐述。

一、标本的采集

1. 采集地点和时间

不同植物开花、结果的季节不同，生长地域不同，如玉竹、红花鹿蹄草、东方草莓等喜生于阴坡林下；水金凤、灯心草、狭苞橐吾等喜生于水湿阴湿之地；荆条、沙棘、麻花头等常生长于低山向阳山坡上；野罂粟、小丛红景天、雪白委陵菜、黑柴胡等须在高海拔的亚高山草甸才能采到；采集榆、榛、青杨、迎红杜鹃等的花要在早春；而采收五味子、榛、沙棘的果实则需在秋季。因此，在标本采集之前需要根据植物的生活习性、生长环境和分布规律确定采集时间和地点，才能进行有效的植物标本采集。

2. 标本采集方法及注意事项

（1）注意标本采集的完整性。除采集植物的营养器官外，还应采集花和果实，因为花和果实是鉴定植物的重要依据。

（2）注意采集健康的植株作为标本。“健康植株”是指那些没有病虫害、植物体各部分生

长良好的植株。一方面是为了保证标本各性状的完整、准确，另一方面也是为了使标本能长期保存。

（3）乔木、灌木或特别大的草本植物，只能采其枝条或植株的一部分。采集此类标本应注意所采集的部分能代表该植物的一般特征，需对未采集的其他部分进行详细记录，同时拍一张该植物的全形照片，以补标本之不足。

（4）草本植物时应采集带根的全草。对于同时具有基生叶和茎生叶的植物，要注意采基生叶；对于高大的草本，采下后可将植株折成 V 或 N 形，然后再进行压制，也可选取该植株的上段、中段、下段具代表性的部分，合并压制，但要注意每个部分悬挂同一个采集号标签。

（5）藤本植物采集时，剪取中间一段，但应注意表示它的藤本性状。

（6）雌雄异株的植物，应分别采集雄株和雌株。

（7）对一些具有地下茎的植物（如百合科、天南星科、赖草属等），必须注意采集其地下部分（如根状茎、鳞茎、球茎、块茎等），否则影响鉴定。

（8）水生草本植物（如金鱼藻、水毛茛等）提出水后，很容易缠成一团，不易分开。遇此情况，可用硬纸板在水中将其托出，连同纸板一起压入标本夹内，这样可保持其形态特征的完整性。

（9）对于先花后叶的植物（如玉兰、山桃、连香树、山胡椒等），需先行采集其花枝，待叶和果实长出后，再补充采集，但要注意两次采集需编不同的采集号。

（10）有些木本植物（如白桦、白皮松等）的树皮颜色和剥裂的情况是鉴别植物种类的依据之一，因此应剥取一块树皮附在标本上。

（11）对于寄生植物（如菟丝子、列当等），应注意连同寄主一起采集，同时压制，并标明寄主、寄生植物。

3. 野外采集记录

标本采集后，须立即挂上采集标签，并尽可能早地进行压制，否则因植物萎蔫失水影响标本质量和后期鉴定。每个采集队（组）进行标本采集时需连续编写采集号（如 SK2017001），同一居群的标本应给予同一编号，不同采集时间和地点的标本需进行重新编号，并同时填写在采集标签和记录标签上，每份标本上均要系上采集标签，以免差错。采集标签上需标明采集人、采集时间、采集地点、生境、海拔、采集日期等信息。标本采集的份数依赖于采集目的，科学研究用一般采集 2 份或 3 份，教学实习用一般每组采集 1 份。在标本采集过程中，杜绝破坏性采集，对列入国家保护植物或珍稀濒危植物的，禁止采集，应加以保护。

野外采集记录是植物标本必不可少的补充。一份标本价值的大小，常以野外记录详尽与否作为评判标准。野外采集过程中，除需记录植物的产地、生境、海拔、采集时间等信息外，还需要记录气味、汁液、花果的颜色、腺毛等在标本压制后容易消失或变化的特征，这对后期的鉴定和研究具有很大的帮助。

植物标本野外采集记录

采集号：____________ 采集日期：____________

采集人：________ 采集地：________ 海拔：________

地理坐标：________________________

生　境：水旁、水中、旱地、草地、沼地、岩石缝、岩石上、路旁、山坡、砾石滩、林下、林缘、灌木丛。

生活型：乔木、灌木、半灌木、草本、藤本。

株高：________ 胸径：________ 树皮/茎干：________

根/根状茎：________________________

叶：________________________

花：________________________

果实/种子：________________________

科名：________ 中文名：________ 俗名：________

用途：________________________

附记：________________________

二、标本的压制和整形

采集的新鲜标本压制时需先进行适当的整形，剪去多余密叠的枝叶，以免互相遮盖，使标本不易干燥，影响观察。如果所采集的植物叶片太大，可沿着中脉的一侧剪去全叶的40%，并保留叶尖；若为羽状复叶，则可将叶轴一侧的小叶剪短，保留小叶基部和羽状复叶的顶端小叶；对一些肉质植物，如景天科、天南星科的一些种类，在压制前，应先放于沸水中煮5～10分钟，然后再按一般的方法压制；对于具有球茎、块茎、鳞茎的植物，除用开水杀死外，还要切除一半，再压制。

野外最新采集并经初步压制的植物标本往往较湿，如不及时更换吸水纸，容易变黑、发霉，叶片也容易脱落。标本压后第一次换纸时，标本已失水变软，此时需要对标本进行再次整形，如果等标本快干了再去整形，就容易折断。整形时，需将过多的重叠枝叶剪去，折皱的叶和花瓣需适当展开，部分叶片的背面朝上，以便在标本做成后能同时观察到叶两面的特征。剪下或脱落的花、果、叶片应收集到小纸袋中，写上采集号，与原标本放在一起，以备将来解剖观察之用。在换纸、压标本时，植物的根或粗大部分要经常调换位置，不可都集中在一端，致使高低不匀，同时要注意尽量把标本向四周铺展，不能都集中在中央，否则会形成四周空而中央凸起很高，致使标本压不好。新压制的植物标本，前3天应每天换纸两次，3天以后每天换一次，直至标本完全干燥为止，换下的湿纸应放阳光下晾晒或烘箱中烘干。除了采用更换吸水纸的方法干燥标本外，也可采用植物标本烘干器或暖风机干燥标本。植物标本烘干器或暖风机均需与瓦楞纸相结合才能达到快速干燥的目的，因此野外出行必须携带大量的瓦楞纸。此方法对在多雨季节或含水量高的植物比较适宜，可在 10 小时左右快速干燥标本，适合集中大量采集标本。此法具有野外采集携带不方便、温度和风量需要前期的反复调试以及对标本前期的压制和整形要求高等不足之处。在野外标本采集中，可结合使用两种方法，如先用吸水纸法压制 2 天，整理成型后，再用烘干法一次性干燥。

三、标本的制作

1. 腊叶标本的制作

野外采回的标本完全干燥后即可上台纸，制成腊叶标本，消毒后便于保存和使用。

“上台纸”的方法：将 41cm×30cm 白色卡片纸平整地放在桌面，然后把干燥好的标本放在台纸上，摆好位置，右下角和左上角应留出鉴定标签和野外记录标签的位置，这时便可用小刀沿标本各部的适当位置在台纸上切出小纵口，再用具有韧性的小纸条，由纵口穿入，从背面拉紧，并用胶水在背面贴牢。标本固定好后，应将野外记录标签和鉴定标签分别贴在左上角和右下角，最后还应在台纸的上边粘贴一张与台纸大小相同的硫酸纸以保护标本。野外采集或腊叶标本制作过程中脱落下来的花、果、种子等需用小纸袋包起来，贴在台纸的适当位置，以便后期鉴定使用。

腊叶标本的消毒：植物标本“上台纸”后还应进行消毒处理。消毒处理的常用方法有三种：①把标本放进消毒箱内，将敌敌畏或四氯化碳与二硫化碳混合液置于玻璃培养皿中，利用毒气熏杀标本上的虫子或虫卵，约 3 天即可取出。②将标本置于 -18℃的低温冰柜中冷冻 7 天即可取出。③将氯化汞（$HgCl_2$）配成 0.5％的酒精溶液，用小刷子或毛笔直接将溶液涂在标本上或用小型喷壶直接喷洒在标本上晾干即可。

腊叶标本的保存：定名后的腊叶标本需要按某种排列方式保存在标本柜中，便于查找，一般有三种排列方式：①按分类系统进行排列，如郑万钧系统、恩格勒系统、哈钦松系统、塔赫他间系统、克朗奎斯特系统。②按地区排列，如同一地区采集的标本放在一起。③按拉丁字母顺序排列，即科、属、种的顺序全按拉丁文的字母顺序排列。

2. 浸渍标本的制作和保存

腊叶标本也有其自身的缺点，如标本在干燥过程中极易褪色，一些肉质多汁的浆果在标本制作时也不能保持原色和原形。此类标本用于教学时，直观性比较差。为了克服这些不足，常采用浸渍标本的方法，将植物的花、果或叶用一定的溶液加以浸渍，能较长时间地保存。

浸泡药液分为一般溶液和保色溶液两大类。

（1）一般溶液：5%～10％甲醛溶液或 70％乙醇溶液。使用时根据标本含水量的多少选用不同浓度的溶液，一般含水量高的选用高浓度的溶液，含水量低的可选用浓度较低的溶液。

（2）保色溶液：其配方较多，但目前为止，只有绿色较易保存，其余颜色都不很稳定。

①绿色标本的保存方法。配方Ⅰ：硫酸铜饱和水溶液 750mL、甲醛 50mL、蒸馏水 250mL。配方Ⅱ：亚硫酸 1mL、甘油 3mL、蒸馏水 100mL。将材料在配方Ⅰ中浸泡 10～20 天，取出洗净

后浸入 4% 的福尔马林溶液中长期保存；或将材料浸在饱和硫酸铜溶液中 1 ～ 3 天，取出洗净后再浸入 0.5% 亚硫酸中 1 ～ 3 天，最后放于配方Ⅱ中长期保存。

②黑紫色、紫色和深褐色标本的保存方法：10% 氯化钠溶液 100mL、甲醛 50mL、蒸馏水 870mL，混合后过滤即可使用。先用注射器往标本里注射少量保存液，再把标本放入保存液里保存。

③红色标本的保存方法。配方Ⅰ：硼酸 3g、甲醛 4mL、蒸馏水 400mL。配方Ⅱ：硼酸 45g、甲醛 30mL、酒精（70% ～ 90%）200mL、蒸馏水 20 000mL。配方Ⅲ：甲醛 25mL、甘油 25mL、蒸馏水 1000mL。配方Ⅳ：亚硫酸 3mL、冰醋酸 1mL、甘油 3mL、蒸馏水 100mL、氯化钠 50g。先将标本浸泡在配方Ⅰ的混合液中 24 小时，如不发生混浊现象，即可放在配方Ⅱ、配方Ⅲ、配方Ⅳ的混合液中长期保存。

④黄色标本的保存方法：6% 亚硫酸 268mL、80% ～ 90% 乙醇 568mL、蒸馏水 50mL。直接把标本浸泡在该保存液中即可。

⑤黄绿色标本的保存方法：标本浸泡在 5% 的硫酸铜溶液里 1 ～ 2 天，取出洗净，再浸入 6% 亚硫酸 30mL、甘油 30mL、95% 乙醇 30mL 和蒸馏水 900mL 的混合液中保存。

无论采用以上哪种配方，浸泡时药液不可太满，浸泡后用凡士林、桃胶或聚氯乙烯黏合剂等封口，以防药液挥发。

第二节　孢子植物标本的采集、制作和保存

孢子植物是指用孢子进行繁殖的植物类群，一般喜生于阴暗潮湿的地方。孢子脱离母体后，在适宜的环境条件下，能够萌发和生长。孢子植物主要包括蕨类、苔藓、地衣和藻类四类，各类群形态差别较大，采集方法和鉴定侧重点不同。高等真菌虽能产生孢子，但无叶绿体，不能进行光合作用，不属于植物，且在野外实习中经常碰到，因此对其采集、制作、保存方法也需要进行阐述。

一、蕨类植物标本的采集、制作和保存

蕨类植物是孢子植物中进化水平最高的类群，全世界约有 12 000 种，我国有 2600 余种，分属于松叶蕨亚门（Psilophytina）、石松亚门（Lycophyttina）、水韭亚门 (Isoephytina)、楔叶亚门 (Sphenophytina) 和真蕨亚门（Filicophytina）五个亚门，广布全国各地。

1. 标本的采集

采集蕨类植物标本和种子植物的采集类似，但需注意以下几点：

（1）蕨类植物大多分布于阴坡、山沟及溪旁的阴湿处，也有少数旱生型，采集时需注意生境的选择。

（2）采集蕨类时应首先观察生态型和生活环境，不要盲目乱采，这对识别和鉴定非常重要。

（3）地下根状茎是蕨类植物分类的重要依据，因此需用小镐或掘根器挖出全株。根茎长而大

的种类，可挖出一段，切忌仅取一片叶。特别要注意二型叶的种类，应同时采集营养叶和孢子叶。

（4）挖出蕨类植物后，应立即挂上采集标签，编上号，并与野外采集记录上的编号相一致。

（5）采集的蕨类应尽快装入塑料袋中，以防叶片萎缩。一些柔弱的蕨类植物需单独装入大小适合的塑料袋，以免被挤坏和丢失。标本在塑料袋中可保存 2 ～ 3 小时不萎缩，但不可放置时间太长，应及时放标本夹中压平，吸干水分。

2. 标本的压制和整形

蕨类植物和种子植物的标本压制方法类似，主要是用标本夹压制标本（参见种子植物标本压制）。但应注意以下两点：

（1）压制时注意区分叶片上面（近轴面）和下面（远轴面），孢子囊主要集生于叶下面。上台纸后可同时看到两面的附属物、囊群及囊群盖等重要的分类特征。

（2）大型蕨类标本不能全株压制，可将长的根茎剪取一段，大的叶片剪成小片，注意记为同一号码，并编上节序号码，以便以后鉴定时复原观察。

3. 标本的制作和保存

大型蕨类植物的标本制作和保存参见种子植物腊叶标本的制作和保存，但对于一些水生的小型蕨类，可用 5% ～ 10%的福尔马林水溶液制成浸渍标本进行保存。

二、苔藓植物标本的采集、制作和保存

苔藓植物是一群小型的多细胞高等植物。其营养体即配子体，它的孢子体不能独立生活，寄生或半寄生在配子体上。

1. 采集用具

①旧报纸制成的采集袋（12cm×10cm）或旧信封。②采集刀。③镊子或夹子。④塑料袋。⑤塑料瓶。⑥小抄网。⑦曲别针或大头针。

2. 采集方法

苔藓植物的采集有两点需要注意：一是它们的生态分布和生活型；二是它们的生长季节和生活史的发育各期。这样才能在某一地区选择最恰当的时期，更多、更完全地采到所需的标本。下面简要介绍几种采集方法：

（1）水生苔藓的采集：对于生活在水中石面或沼泽中的苔藓植物，可用镊子或夹子采取，也可用手直接采集，如水藓、水灰藓、薄网藓、柳叶藓、泥炭藓等。采集后可将标本装入瓶中，也可将水甩去或晾一会，装入采集袋中。对于漂浮水面的植物（如浮苔、叉钱苔），则可用纱布或尼龙纱制作的小纱网捞取，然后将标本装入瓶中。

（2）石生和树生苔藓植物的采集：对于固着生长在石面的苔藓植物可用采集刀刮取。如泽藓、黑藓、紫萼藓等；对于生长在树皮上的植物，可用采集刀连同一部分树皮剥下；生于小树枝或树叶上的植物，则可采集一段枝条连同叶片一起装入采集袋中，如北方森林中的扁枝藓、木衣藓、白齿藓、平藓和许多苔类等。一般来说，树生的种类主要分布在热带雨林和季雨林地区。

（3）土生藓类的采集：生长于土壤上的苔藓植物种类较多，如角苔科、地钱科、丛藓科、葫

芦藓科、金发藓科等全为土生。在松软土上生长者，可直接用手采集；稍硬的土壤上生长的种类，则要用采集刀连同一层土铲起，然后小心去掉泥土，再将标本装入采集袋中。

（4）墙缝、石缝中生活苔藓植物的采集：如小墙藓，多生于石灰墙缝中，亦可用刀采集。

采集苔藓标本的基本原则是保持植物的完整性，尽量采集到配子体和寄生其上的孢子体，这对后期的鉴定非常重要。对于所采集的标本，必须详细记录其生境、生活型、颜色、植物群落。若是树生种类，还要记录树木的名称等，并在纸袋上编号（切记与记录标签的编号保持一致），用曲别针或大头针别好袋口，装入塑料袋中带回。

3. 标本制作和保存

苔藓植物标本的制作和保存较简单，一般可用下述几种方法：

（1）晾干入袋保存：苔藓植物体较小，易干燥，一般不易发霉腐烂，颜色也能保持较久。最常用的方法是将标本先放在通风处晾干，尽量去掉所带泥土，然后将标本装入用牛皮纸折叠的纸袋中，即可入柜长期保存。注意在标签上填好名称、产地、生境、采集时间、采集人、采集号等，名称未鉴定出来可先空着，其他各项则需及时填好，统一编上号码。以这种方法保存的标本占地少、简便，观察时也很方便。只要在观察前将标本浸泡入清水中几分钟至几十分钟，标本就可恢复原形原色。

（2）液浸标本的制作：有些苔类和藓类标本，如地钱、浮苔、叉钱苔、角苔、泥炭藓等，亦可采用固定液保存。先将标本上的泥上冲洗干净，然后装入磨口的标本瓶中，加入5%的福尔马林水溶液即可。此方法的缺点是时间长了易褪色，但可以进行保绿处理，即选用饱和硫酸铜水溶液，把标本浸泡一昼夜，取出，用清水冲洗，然后再保存在5%的福尔马林水溶液中。

（3）压制腊叶标本：对于水生或附生在树叶上的苔藓，可用标本夹压制腊叶标本，方法与种子植物标本压制方法类似，但需在标本上盖一层纱布，以防一些苔类植物粘在纸上。苔藓植物均可制作腊叶标本，但由于较麻烦，所以一般使用较少。当制作陈列标本时，此法较好，比较美观。

三、地衣标本的采集、制作和保存

地衣是是由真菌和某些真核绿藻或原核蓝藻形成的共生体。其中真菌为已知的子囊菌和少数担子菌的种类。

1. 采集用具

采集刀（大号的电工刀即可），枝剪，锤子和钻子，钢卷尺，包装纸（旧报纸或旧信封），小纸盒，放大镜（10× 或 15×）。

2. 采集方法

除一些不产生子实体的种类外，一般可全年采到地衣的子实体并获得子囊孢子。采集时应注意各种生境和不同基质上生长的种类。采集方法根据不同地衣类型而有所不同。

（1）石生壳状地衣需用锤子和钻子敲下石块，注意沿岩石的纹理选择适当角度就会较容易敲下石块，尽量敲下带有较完整地衣形态的石片。

（2）土生壳状地衣，应用刀连同一部分土壤铲起，并放入小纸盒中以免散碎。

（3）树皮上的壳状地衣可用刀连同树皮一起割下，有些可以剪一段树枝以保持标本的完整性。

（4）在藓类或草丛中生长的叶状地衣，可用手或刀连同苔藓或杂草一同采起。

（5）采集枝状地衣可用刀连同一部分树皮、树枝等基物一起采下。

（6）石生或附生树皮上的叶状地衣，最好不要直接用手摘，要用刀剥离，以保存标本的完整。

（7）一些地衣在晴天干燥时，易失水变脆，很易破碎，可用随身带的水壶将地衣体喷湿变软后再采集。

采集地衣标本时还应注意以下事项：

首先，先观察并测量其尺寸大小，做好记录编号，并将采集标签编上与记录相同的号放于纸袋中。

其次，根据标本质地和特点的不同，应分别包装。易碎和土生壳状地衣可装入纸盒；叶状地衣应视体积大小选用适当的纸袋，不要将地衣体折叠以免破碎，也可趁其湿润时放入标本夹中压制；枝状地衣一般装入纸袋中即可。

最后，如需制片可用FAA（50%或70%酒精配制）固定地衣。切片厚度以10μm为宜，可用固绿和番红染色。

3. 标本的整理和保存

（1）标本的整理：标本采回后要打开纸包通风晾干，若包装纸袋已湿，可另换一个。注意不要弄乱标签。标本风干后可包好装入塑料袋或箱中。对于叶状、枝状地衣可用水润湿，除去泥土，按原来形态夹于标本夹中，注意换纸，2～3天后标本可干，然后分别装入牛皮纸袋中保存或贴在台纸上。

（2）标本的保存：把压干的标本用衬有硬纸片的牛皮纸袋包装起来，也可将标本用白乳胶粘贴到硬纸片上。但应注意有正反面，以观察各部特征。也可连同基物（如树皮）粘到硬卡纸上，再包入牛皮袋中。根据地衣体大小，纸袋可分成三个规格：A大号：长26cm，宽18cm；B中号：长18cm，宽13cm；C小号：长14cm，宽10cm。

凡是对某种地衣进行研究的各种材料均应装入袋中。对于过厚的石块标本或松散的土壤标本，宜用硬纸盒保存。需强调的是，不可用酒精或液体杀菌剂处理标本，以免改变标本的颜色和化学性质，从而影响鉴定。所有的地衣标本均可按系统排列入柜保存在干燥通风处。

四、高等真菌的采集、制作和保存

高等真菌是指子实体较大的子囊菌和担子菌。

1. 采集用具

采集刀，掘根器，枝剪（或手锯），旧报纸，硬纸盒，塑料桶或筐，漏斗形白纸袋，编号纸片，采集记录表，白纸，黑纸，玻璃罩等。

2. 采集方法

大型真菌以夏秋多雨时的七八月出现最多，所以此时采集标本最为适宜。采集时应选择不同生境，如各类森林、草地、粪堆、树干、枯腐木等。采集方法也应视高等真菌的质地和生长基质的不同而有所不同。一般来说，对于地上生长的伞菌类和盘菌类，可用掘根器采集，但一定要保持标本的完整性；对于树干和腐朽树木上的菌类，可用采集刀连带一部分树皮剥下，有些可用手锯或枝剪截取一段树枝。采集时要注意做好记录，有条件时可当即拍摄彩色照片或绘制原色图。

对于采集的高等真菌标本，要根据其质地分别包装，以免损坏和丢失。

（1）肉质、胶质、蜡质和软骨质的标本：需用光滑而洁白的纸制作成漏斗形的纸袋包装，把菌柄向下，菌盖在上，保持子实体的各部分完整，将编号纸牌放入后包好。然后，再分别将包好的标本放入塑料桶或筐内。对其中稀有和珍贵的标本，或易压碎的标本以及速腐性的种类，可将包好的标本放在硬纸盒中，在盒壁上多穿些孔洞以通风。有些小而易坏的标本，也可装入玻璃管中，以免损坏丢失。

（2）木质、木栓质、革质和膜质的标本：采集后用旧报纸包好，拴好标本编号即可。

3. 标本的整理

标本务必于采集当天及时整理，可首先把标本分成三大类，以便分别处理。

第一类：肉质、含水多，脆、小、黏和易腐烂的标本，应首先整理。整理时，将白纸铺于桌上或地上，经过初步分类，小心清除标本上的泥土和杂物，再分别轻放在白纸上，菌褶或菌孔应朝上。然后再根据分类特征进行鉴定。能当即定名的就及时定名，当时定不了的，则需要及时记录其主要特征。

第二类：标本肉质、含水较少和腐烂较慢的种类。第一类标本整理后再整理该类标本。

第三类：木质、木栓质、革质和膜质的标本。可先放通风处晾干，1 ～ 2 天整理出来即可。如果要制作孢子印，则同样需要用当天的新鲜标本进行。

4. 孢子印的制作方法

各种真菌的孢子在形态、大小、颜色等各方面都有很大差异，是真菌鉴定中的主要特征之一，因此一般应制作孢子印。孢子印就是把菌褶或菌管上的子实层所产生的孢子接收在白纸或黑纸上。其制作方法主要有以下两种：①将新鲜的子实体用刀片沿菌褶切断菌柄，然后将菌盖扣在白纸上（有色孢子）或黑纸上（白色孢子），也可把一半白纸和一半黑纸拼成一张纸而将菌盖扣在上面，再用玻璃罩扣上。经过 2 ～ 4 小时，担孢子就散落在纸上，从而得到一张与菌褶或菌管排列方式相同的孢子印。②将用来接收孢子的纸折迭起来，在中央剪出一个适合的圆孔，把菌柄插入洞内，使菌褶紧贴纸上，然后再将子实体连同纸一起放在盛有半杯水的小杯口上，此法可加速孢子印的接收。获得孢子印以后，应及时记录新鲜孢子印的颜色，并将其编上与标本相同的号，一起保存或分别保存，以备鉴定时查用。注意不要用手或其他物品擦摸孢子印，以免破坏。

5. 标本的制作和保存

（1）干标本的制作和保存：对于木质、木栓质、革质、半肉质和其他含水少、不易烂的标本，可用干燥法制作标本。将标本放在通风处使其自然干燥或放在日光下直接晒干。为了加速其干燥，也可用铁丝网架置于炭火上或电炉上方烘烤，但要注意不可离火太近，以免烧坏标本。此法也适于含水较多的标本的烘干。干标本制作好以后，要及时收藏保存。可把标本、调查记录表、编号一起放入纸盒中，并在盒内放置樟脑等防虫药品和干燥剂。在纸盒表面贴上标签，写上名称、产地和日期等，然后把纸盒按分类系统放入标本柜中保存。

（2）液浸标本的制作：在 1000mL 70％的酒精中加入 6mL 甲醛（福尔马林）即成液浸标本保存液。将标本清理干净以后，即可直接投入该固定液中进行保存。对于在固定液中漂浮的子实体，可将标本拴在长玻璃条或玻璃棒上，使其沉入保存液中，然后再用蜡将标本瓶口密封，贴上标签，入柜保存。

第三节 植物标本的鉴定

采集的新鲜标本或制作成的腊叶标本，需运用植物检索表确定种的中文名、学名和分类等级，同时查看植物志中该种的描述及插图，确保准确鉴定后，才能存放于标本柜供教学和科研使用。运用植物检索表对植物标本进行鉴定是提高学生科、属、种识别能力的有效方法，要求参与植物学野外实习的每个学生必须掌握。植物标本的鉴定的程序和具体方法如下：

1. 选择适合的参考书

植物志、检索表等工具书的陆续出版为植物种类的鉴定提供了很大的便利。已出版的植物检索表主要用于科、属等级的检索，如《中国植物科属检索表》《华北种子植物检索表》等。植物志不仅包括科、属、种的检索表，也同时包括每个植物种类的特征描述、分布、生境、用途等信息。植物志、检索表等工具书包含范围各有不同，使用时，需根据不同的需要进行选择。最好是根据鉴定植物的产地确定植物志和检索表，如果要鉴定的植物采自河北，那么利用《河北植物志》《华北种子科属检索表》就可以高效快速解决问题。实习地小五台山地处河北西北部、东与北京市门头沟区接壤，因此可以参考《河北植物志》《北京植物志》《小五台山植物志》《华北种子科属植物检索表》《北京植物检索表》对植物标本进行鉴定。如果鉴定的植物未能被上述植物志、检索表所包括，那么可以考虑使用《中国植物志》《中国高等植物图鉴》《中国高等植物》《中国植物科属检索表》等。此外，也可以选择已出版的原色植物图鉴如《小五台山常见植物图鉴》《北京森林植物图谱》《北京湿地植物》《常见野花》《常见树木》等，辅助植物标本的核对。

2. 对标本进行详细认真的观察

对植物标本进行鉴定时，需先认真观察植物标本的形态特征，然后运用科学的术语确切描述植物。除营养体外，对植物标本的花和果实要从整体到局部，从外到内，进行认真的解剖观察，如子房的位置、心皮和胚珠的数目等都要搞清楚，一旦描述错了，就会导致错误的鉴定。对初学者来说，可先选择已认识的植物，通过查对植物志中的形态描述，学习掌握各种形态术语在使用时的标准。

3. 正确运用检索表对植物进行鉴定

植物志是记载某个国家或某一地区植物种类的分类学专著，全面记载植物物种的名称、文献出处、形态特征、插图、产地、生态习性、地理分布、用途等信息，因此鉴定植物一般优先选用植物志。对小五台山植物来说，则优先选择《河北植物志》和《小五台山植物志》。拿到一份未确定名称的植物标本，只要按照以下的 4 个步骤进行尝试，就可以鉴定出植物的名称。①对植物标本进行仔细观察和解剖，详细记录观察到的形态特征。②根据观察记录的特征，利用植物志的分科检索表检索植物所属的科。③根据科内分属检索表检索植物所在的属。④根据属内的分种检索表查到种。⑤确定种的名称后，需要对照该种的具体特征描述和插图进一步核实，如不符合，再重新检索，直到正确为止。

进行植物标本鉴定时，能否有效和正确鉴定植物的关键在于掌握植物检索表的使用方法。目前应用最多的是二歧分类检索表，检索原理是从两个相互对立的性状中选择一个相符合的、放弃一个不符合的过程。根据编排格式不同分为定距检索表和平行检索表。《河北植物志》采用定距检索表，而《小五台山植物志》采用平行式检索表。这两种检索表均有相对的特征编为同一个号，当标本特征符合其中一个特征时，就沿着往下查直至最终结果。由于植物生长的季节性，所以采集的植物标本很可能存在一些特征缺失的情况（如没有花或果实），而编制的检索表大多以植物的生殖器官性状为基准。遇到此类情况时，就需要沿两条相对性状同时往下查，直到一个明显的不符合的特征为止，如果两条都符合，获得的两个结果，此时则需要分别核对特征描述，做出判断。为了确保鉴定结果的正确性，一定要防止先入为主、主观臆测和倒查的倾向，同时也要杜绝看图识字的情况，初学者很容易对照植物志中的绘图主观确定植物种类。对于一些疑难的种类，如菊科蒿属、杨柳科柳属、伞形科、禾本科、莎草科等，通过多次反复检索和特征核对仍不能正确鉴定时，则可以寻求专家和学者帮助鉴定。

第四章　小五台山主要维管植物类群及常见种类识别

小五台山地处暖温带落叶阔叶林地带，地貌类型丰富，生境复杂多样，植被垂直分带明显，具有丰富的植物区系和植物资源，是进行植物多样性研究、野外教学实习、野生植物资源开发利用、科普宣传和探险的热点地区。

作为华北生物多样性的热点地区，小五台山一直受到国内外学者的青睐。从19世纪70年代至今，国内外许多专家学者陆续到小五台山进行植物资源考察、标本采集、森林植被研究、固定样地观测等活动，发表和出版了系列研究论文与学术专著，为推动该地区植物资源保护和利用奠定了坚实的基础。1933年，孔宪武和王作宾在小五台山进行植物标本采集，鉴定出被子植物83科325属615种，编辑出版了《小五台山植物志》。1988年，张厌非和马天贵编辑印刷了《小五台山植物》。2004年，刘全儒等基于采集的标本记载小五台山共有种子植物97科467属1136种，其中裸子植物3科8属12种，被子植物94科459属1124种。2011年，赵建成等在前期多年野外考察和标本采集的基础上，编辑出版了《小五台山植物志》，该书记载小五台山现有维管植物118科527属1387种，其中蕨类植物16科24属60种，裸子植物4科9属13种，被子植物98科494属1314种。2016年，李盼威等编辑出版了《小五台山常见植物图鉴》，收录小五台山常见高等维管植物97科352属552种，其中蕨类植物5科5属7种，裸子植物3科7属8种，被子植物89科341属537种。

河北大学历来非常重视教学实践活动，作为与植物学理论课程相配套的实践课程，《植物学野外实习》单独面向生物科学类专业开设，自2002年在小五台山实习至今，已有15年时间，目前已将小五台山作为稳定的植物学野外教学实习基地。在多年的植物学野外教学实践过程中，指导教师不断积累教学经验，充实教学素材，拍摄了大量的植物图片。为了切实提高植物学野外实习教学效果，满足学生对实习参考资料的需求，我们对在小五台山进行教学实习过程中所拍摄的维管植物图片进行了系统总结，以促进学生对小五台山常见植物种类的识别和鉴定。通过分类统计所拍摄的植物图片，总结出野外实习过程中常见的植物种类包括97科347属584种维管植物，其中蕨类植物9科12属17种，裸子植物4科8属8种，被子植物84科327属559种（双子叶植物483种，单子叶植物76种）；彩色照片共计1032张，其中被子植物989张，裸子植物16张，蕨类植物27张。这些植物生境图片作为教学实习理论知识的补充，不仅有助于提高植物学野外实习教学质量，也可为在小五台山进行科学研究、科普宣传和资源保护利用提供参考。

蕨类植物

蕨类植物（Pteridophyta）是地球上出现最早的、不产生种子的陆生维管植物，也是高等植物中唯一一个孢子体和配子体均能独立生活的类群，广泛分布于世界各地，尤以热带和亚热带最为丰富。蕨类大多喜生于温暖阴湿的森林环境，是森林植被中草本层的重要组成部分。我国有蕨类植物63科221属2270种，占世界蕨类总种数的19.21%。蕨类可分为5个亚门：松叶蕨亚门、石松亚门、水韭亚门、楔叶亚门、真蕨亚门。

卷柏 *Selaginella tamariscina* (Beauv.) Spring 卷柏属

多年生草本。茎呈莲座状丛生，干时内卷如拳。叶二型，厚草质。孢子囊穗生小枝顶端，四棱柱形，孢子叶卵状三角形，有龙骨突起，边缘膜质具微齿；孢子囊肾形，大、小孢子囊排列不规则。生于山坡石缝处，干燥时拳卷似枯死。全草入药。见于金河沟、山涧口。

圆枝卷柏 *Selaginella sanguinolenta* (Beauv.) Spring 卷柏属

多年生草本。植株伏地丛生，主茎细而坚实如铁丝，老时带红色。叶同型，交互对生，覆瓦状排列。孢子囊穗单生小枝顶端，四棱柱形，孢子叶阔卵形，背部有龙骨突起；孢子囊圆形，有大小之分，小孢子囊通常位于孢子囊穗上部，大孢子囊位于下部。生于山地干旱石坡上。见于金河沟。

中华卷柏 *Selaginella sinensis* (Desv.) Spring 卷柏属

多年生草本。茎匍匐，随处着地生根；枝互生，二叉分支。叶鳞片状，贴伏于茎上；分支上部叶呈四行开展排列，背腹扁平，基部广楔形，边缘有厚白边及缘毛。孢子囊群无柄，着生枝端，呈四棱形；孢子叶卵状三角形。生于山坡石缝中。见于金河口郑家沟、山涧口。

问荆 *Equisetum arvense* L. 木贼属

多年生草本。根状茎横生，有黑褐色小球茎。叶鞘鞘齿具膜质白色狭边。孢子囊穗顶生，孢子叶六角形。孢子成熟后，根状茎生出营养茎，具棱脊 6～15 条，每节 7～11 分支，与主茎呈锐角开展。生长于海拔 1500m 左右的田边、沟旁及山坡石缝中。见于金河口郑家沟、山涧口、北台灌木丛、杨家坪河槽。

草问荆 *Equisetum pratense* Ehrh. 木贼属

多年生草本。根状茎黑褐色，匍匐于地下；地上茎二型，孢子茎由根状茎发出，营养茎脊背具硅质小刺状突起。叶鞘鞘齿薄膜质，中央具棕色狭纵条；分支轮生，每节 10 枚以上，与茎呈直角开展。生长于海拔 1200 ～ 1600m 的林内、灌木草丛或山沟中。见于金河口针叶林下、山涧口、杨家坪河槽。

木贼 *Equisetum hyemale* L. 木贼属

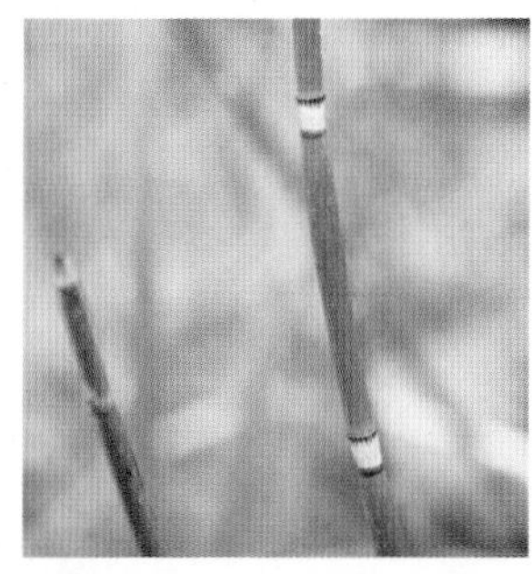

多年生草本。根状茎黑褐色；地上茎有纵棱脊 20 ～ 30 条，每棱脊具硅质的疣状突起 2 行。叶鞘顶端及基部各有一个棕黑色环圈；叶鞘齿钻形，背面有两条棱脊。孢子囊穗长圆形，具小尖头。生长于海拔 1600 ～ 2000m 的山坡湿地、疏林下或河岸沙地。地上部入药。见于金河口郑家沟、山涧口林缘地带。

蕨　*Pteridium aquilinum* Ehrh. var. *latiusculum* (Desv.) Underw ex Heller　蕨属

多年生草本。根状茎长而横走，黑色，密被锈黄色短毛。叶阔三角形，三至四回羽状，侧脉 2 或 3 叉。孢子囊群线形，着生于小脉顶端的连接脉上；囊群盖条形，具叶缘反卷而成的假盖。生于山坡、草地及林下。见于金河口亚高山阔叶林林缘。

银粉背蕨　*Aleuritopteris argentea* (Gmel.) Fée.　粉背蕨属

多年生草本。根状茎倾斜密被棕黑色鳞片。叶簇生，叶柄基部被鳞片；叶三回羽裂；叶正面绿色，背面有乳白色蜡质粉末。孢子囊群生于叶缘脉端，囊群盖棕色，膜质，叶缘反卷。生长于海拔 1200 ～ 1600m 的干旱石灰岩石缝及墙缝中。见于山涧口、金河沟岩石缝中。

掌叶铁线蕨 *Adiantum pedatum* L. 铁线蕨属

多年生草本。根状茎短，被深棕色鳞片。叶簇生，叶柄栗黑色；叶轴自叶柄顶端 2 叉分歧，呈掌状；羽片单生于主枝上侧，一回羽状分裂，互生，斜长方形。孢子囊群肾形，横生于裂片顶部反折的膜质囊群盖下面；囊群盖黄绿色，膜质。生长于海拔 1500 ～ 1800m 的林下阴湿处。见于山涧口、上寺、金河沟瀑布处。

羽节蕨 *Gymnocarpium disjunctum* (Rupr.) Ching 羽节蕨属

多年生草本。根状茎横走，黑褐色，幼时被鳞片。叶卵状三角形，三回羽状深裂，羽轴与叶轴接连处密生腺体；叶柄基部疏生鳞片。孢子囊群圆形，生于小脉上部，沿小羽轴两侧各有一行，无盖。生于林下或岩石山坡湿润处。见于金河口郑家沟砾石山坡。

河北蛾眉蕨 *Lunathyrium vegetius* (Kitag.) Ching 蛾眉蕨属

多年生草本。根状茎粗而短，顶部被褐棕色鳞片。叶簇生，青白色，基部密被鳞片；叶片长圆状披针形，二回羽状深裂，羽片 15 ～ 20 对；叶草质，叶脉羽状。孢子囊群短线形，生于侧脉上侧，每裂片上有 2 ～ 4 对；囊群盖线形或新月形。生于山谷、林下阴湿地。见于金河沟阴湿山坡。

高山冷蕨 *Cystopteris montana* (Lam.) Bernh. 冷蕨属

植株高 20 ～ 30cm。根状茎横走，黑褐色，疏被棕色膜质鳞片。叶三至四回羽裂，小羽片 6 ～ 8 对，有短柄，近对生；叶草质，叶脉羽状，伸达齿端。孢子囊群圆形，生于叶背叶脉上，囊群盖灰黄色，膜质。生于高山林下阴湿处。见于金河沟阴湿山坡石缝处。

北京铁角蕨 *Asplenium pekinense* Hance 铁角蕨属

多年生草本。植株高 10 ～ 20cm。根状茎短而直立，密生锈褐色粗筛孔披针形鳞片。叶簇生，叶柄疏生小鳞片；叶披针形，厚草质，二至三回羽裂。孢子囊群长圆形，每羽片上 2 ～ 4 枚；囊群盖膜质，全缘，灰白色。生长于海拔 300 ～ 1800m 的山谷或溪边岩石上。见于金河沟石质山坡石缝处。

荚果蕨 *Matteuccia struthiopteris* (L.) Todaro 荚果蕨属

多年生草本。根状茎短而直立，被棕色披针形鳞片。营养叶草质，披针形，二回羽状深裂；孢子叶狭倒披针形，有长柄，一回羽状，羽片两侧向背面反卷呈荚果状，包裹多数孢子囊群。生于林下潮湿土壤上或林下山溪旁。见于金河口阔叶林林缘地带、山涧口破车路。

网眼瓦韦 *Lepisorus clathratus* (Clarke) Ching 瓦韦属

多年生草本。植株高 15～30cm。根状茎粗而横走，密被黑色鳞片，具明亮的粗筛孔。叶薄，草质，线装披针形，长 10～20cm，宽 1～2cm，顶端钝，叶基楔形。孢子囊群圆形，着生于主脉和叶边之间，各排成一行。生于山坡岩石缝内。见于金河沟石质山坡石缝处。

华北石韦 *Pyrrosia davidii* (Gies.) Ching 石韦属

多年生草本。植株高 5～25cm。根状茎横走，密被棕褐色鳞片。叶密生，线形至披针形，软革质，具凹点，下密生星状毛；叶柄长 2～5cm，以关节着生于根状茎上。孢子囊群多行，生叶背面的较上部分，无盖。生于山坡岩石上或石缝中。见于山涧口、金河沟石质山坡石缝处。

有柄石韦 *Pyrrosia petiolosa* (Christ) Ching 石韦属

多年生草本。根状茎长而横走，密生鳞片。叶二型，厚革质，有排列整齐的小凹点，下面密被灰棕色星状毛，干后常向上内卷呈筒状；营养叶具短柄，孢子叶的柄长于叶片。孢子囊群深棕色，成熟时布满叶片的背面。生于裸露的岩石上。叶入药。见于金河沟石质山坡石缝处。

裸子植物

裸子植物（Gymnospermae）是介于蕨类植物和被子植物之间的维管植物，最早出现于古生代的泥盆纪，仍保留有颈卵器，能够产生种子。现今的裸子植物不少种类出现于250万年前至6500万年之间的新生代第三纪，又经历第四纪冰川而保留下来，繁衍至今。中国是世界上裸子植物最丰富的国家，有12科42属245种，分别为现存裸子植物科、属、种总数的80%、51.22%和28.82%。裸子植物分为5个纲：苏铁纲、银杏纲、松柏纲、红豆杉纲、买麻藤纲。

银杏 *Ginkgo biloba* L. 银杏属

落叶乔木。叶在长枝上螺旋状排列，在短枝上簇生；叶扇形，顶端2裂，有多数叉状平行细脉。球花单性，雌雄异株；雄球花呈柔荑花序状，雌球花梗端通常分2叉，每叉顶有一裸生胚珠。种子核果状。各地广泛栽培。观赏；种子、叶药用。见于金河口村舍附近栽培。

白杄 *Picea meyeri* Rehd. et Wils. 云杉属

常绿乔木。树皮呈不规则的薄块片脱落。一年生枝黄褐色，二至三年生枝淡黄褐色；叶四棱状条形，有白色气孔线。球果长圆状圆柱形，种子倒卵圆形，种翅倒宽披针形。花期4—5月，果期9—10月。生长于海拔2000～2400m的山坡。材用及绿化观赏。见于山涧口、金河口、辉川等地。

华北落叶松 *Larix principis-rupprechtii* Mayr. 落叶松属

落叶乔木。树皮不规则纵裂，呈小块片脱落。叶窄线形，每边有1或2条气孔线。球果长卵圆形，种鳞26～45枚；苞鳞近带状长圆形；种翅上部三角状。花期4—5月，果期9—10月。生长于海拔1400～2500m的山坡。材用，树干可割取树脂，树皮可提取栲胶。见于金河口针叶林带、山涧口。

油松 *Pinus tabuliformis* Carr. 松属

常绿乔木。树皮呈不规则的鳞状块片。针叶 2 针一束，两面具气孔线。球果圆卵形，常宿存数年之久；鳞盾肥厚，扁菱形，鳞脊凸起有尖刺；种子淡褐色有斑纹。花期 4—5 月，果期翌年 10 月。生长于海拔 1700m 以下的山坡。材用，树皮可提取栲胶；花粉入药。小五台山广泛分布。

侧柏 *Platycladus orientalis* (L.) Franco 侧柏属

常绿乔木。树皮条片状剥落。叶紧贴枝上，中间的鳞叶比两侧的大，尖头下有腺点。雄球花黄色，雌球花近球形蓝绿色，被白粉。球果成熟后木质化，开裂，红褐色。花期 3—4 月，种子 10 月成熟。生长于海拔 800 ～ 1300m 的阳坡、黄土坡、石质山坡。材用，造林和绿化；枝梢、叶、种仁入药。见于金河口章家窑路边、杨家坪管理区道边。

圆柏　*Sabina chinensis* (L.) Ant.　圆柏属

常绿乔木。树皮深灰色，窄条状剥落。刺叶与鳞叶共存，幼时多刺叶，腹面凹下，有两条白色气孔带，老树多鳞叶。雌雄异株；球果成熟时紫黑色，有白粉；种子褐色，为不规则三棱形。4月开花，种子翌年9月成熟。城市绿化习见。材用，观赏。见于金河口路边。

杜松　*Juniperus rigida* Sieb. et Zucc.　刺柏属

常绿小乔木。树皮纵裂；幼枝三棱形。刺叶坚硬，先端尖税，腹面凹下，有1条白色气孔带。雌雄异株；球果成熟时蓝黑色，有白粉；种子有4条不明显的棱角。5月开花，次年10月种子成熟。生长于海拔1800m以下的向阳山坡。用材，观赏。见于金河沟沟口、杨家坪、赤崖堡。

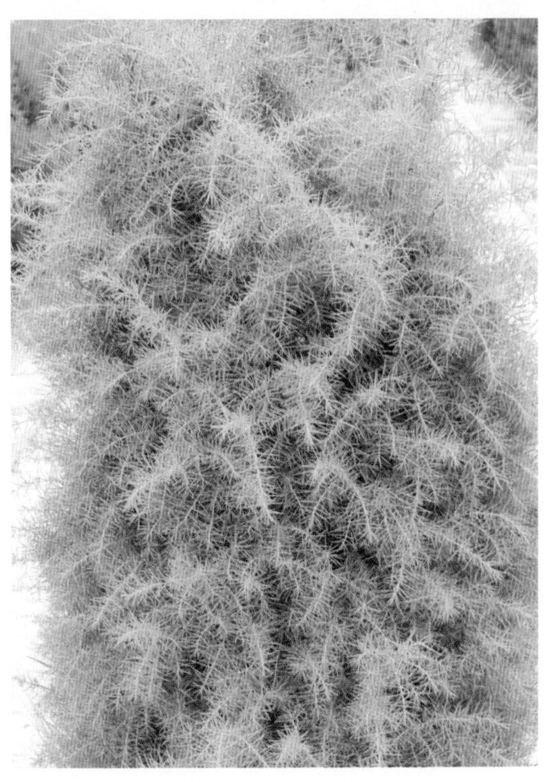

草麻黄 *Ephedra sinica* Stapf. 麻黄属

常绿半灌木。木质茎常匍匐地上。叶对生，先端急尖。雄球花对生，开花时基部发展成一对三齿状的球花；雌球花单生或对生节上，花后花梗伸长成小枝，珠被管稍外露。花期5—6月。生长于海拔1200m左右的低山坡及平原干燥处。草质茎入药。见于金河口章家窑路边土质山坡、山涧口。

被子植物

被子植物（Angiospermae）是自然界植物类群中种类最多、分布最广、进化层次最高、结构最为复杂、功能最为完善的一类高等植物。被子植物具有比蕨类植物和裸子植物更强、更高效的光能利用和适应性。全世界被子植物种类最丰富的国家是地处热带的巴西和哥伦比亚，中国处于第三位。中国有被子植物 244 科 3158 属 29816 种，分别约占世界现存被子植物总数的 61%、31% 和 12%。被子植物分为 2 个纲：双子叶植物纲、单子叶植物纲。

近现代著名的被子植物分类系统有 4 个：恩格勒系统（1897）、哈钦松系统（1926）、塔赫他间系统（1942）、克朗奎斯特系统（1958）。

毛白杨 *Populus tomentosa* Carr. 杨属

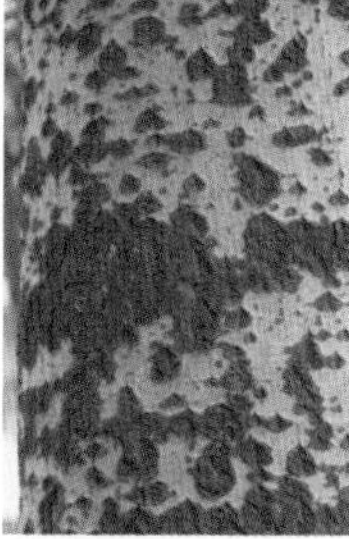

落叶乔木。树皮幼时暗灰色，壮时灰绿色，老时黑灰色，皮孔菱形。叶三角状卵形，基部心形或截形，边缘具波状齿，上面暗绿色，下面密生毡毛，后渐脱落。葇荑花序雄花序长10～20cm，雌花序长4～7cm；蒴果2瓣裂。花期3月，果期5月。各地广泛栽培。材用，造纸。见于金河口桦榆坡、章家窑路边。

新疆杨 *Populus alba* L. var. *pyramidalis* Bge. 杨属

落叶乔木。老枝灰色，小枝鲜绿色。短枝叶近圆形，绿色，长枝叶掌状3～7深裂，上面光滑，下面密生白色绒毛。雄花序长3～6cm，雌花序长5～10cm，花盘绿色，花药红色。花期4—5月。多为引种栽培。材用，行道树种。见于金河口章家窑路边。

山杨　*Populus davidiana* Dode　杨属

落叶乔木。树皮灰绿色，光滑；幼枝黄褐色，老枝灰褐色。叶三角状卵圆形，基部微心形，边缘有波状浅齿。葇荑花序，花药暗红紫色，蒴果2瓣裂。花期4—5月，果期5—6月。生长于海拔1000m以上的山坡、沟谷、采伐地，常萌生。材用。见于金河口、山涧口。

青杨　*Populus cathayana* Rehd.　杨属

落叶乔木。树皮幼时灰绿色，平滑；老时灰白色，浅纵裂。叶卵状长圆形，边缘具腺锯齿，侧脉5～7条。雄花序长5～6cm，雌花序长4～5cm；蒴果3或4瓣裂。花期3—5月，果期5—7月。生长于海拔800～1800m的山坡、沟底溪旁的杂木林中。材用，造纸。见于西金河口村舍道边。

加拿大杨 *Populus × canadensis* Moench. 杨属

落叶乔木。树皮灰褐色，有沟裂。叶三角状卵圆形，边缘半透明，有圆齿。雄花序长 7 ～ 13cm，雄蕊 15 ～ 25 枚；雌花序长 3 ～ 5cm，柱头 2 或 3 裂；果穗与雄花序近等长。花期 4 月，果期 5 月。平原地区多有栽培。材用，行道树种。见于金河口、杨家坪附近村舍道边。

旱柳 *Salix matsudana* Koidz. 柳属

落叶乔木。树皮深裂，暗灰黑色。叶披针形，边缘有明显的细锯齿，正面绿色，背面灰白色。雄花序长 1.5 ～ 2.5cm，雌花序长约 1.2cm。蒴果 2 瓣裂；种子具极细的丝状毛。花期 4 月，果期 5 月。各地均有分布和栽培。材用，饲用，蜜源植物。见于金河沟。

乌柳 *Salix cheilophila* Schneid. 柳属

落叶灌木。枝黑红色。叶线状倒披针形，正面绿色，背面灰白色，密被绢状柔毛，中脉显著突起，边缘外卷。雄花序长 1.5 ～ 2.3cm，雌花序长 1.3 ～ 2.0cm。蒴果长 3mm。花期 4—5 月，果期 5 月。可作护堤固坡的树种。见于金河口亚高山阔叶林带。

腺柳 *Salix chaenomeloides* Kimura 柳属

小乔木，枝暗褐色或红褐色。叶卵圆形至椭圆状披针形，长 4 ～ 8cm，宽 1.8 ～ 3.5cm，边缘有腺锯齿；叶柄先端具腺点；托叶半圆形，早落。雄花序长 4 ～ 5cm，直径 8 mm，雌花序长 4.0 ～ 5.5cm，直径 10mm，总花梗长 20mm。蒴果倒卵形，2 瓣裂。花期 4—5 月，果期 5—6 月。生长于海拔 1100 ～ 2000m 的山谷、山坡或林缘。材用，树皮提取栲胶，蜜源植物。见于金河口、山涧口。

胡桃 *Juglans regia* L. 胡桃属

落叶乔木。树皮幼时平滑，灰绿色，老时灰白色而浅纵裂。奇数羽状复叶，小叶 5 ～ 9 片。葇荑花序。果实近球形，具 2 条纵棱和不规则浅刻纹。花期 4—5 月，果期 9—10 月。北方地区广为栽培。食用，材用，绿化；种仁入药。见于金河口村舍附近、杨家坪北沟。

白桦 *Betula platyphylla* Suk. 桦木属

落叶乔木。树皮白色，纸质，呈薄层状剥落。叶卵状三角形，边缘具不整齐的钝锯齿，侧脉 6 或 7 对，脉上有腺点。雄花序成对顶生；果序单生于叶腋，下垂；小坚果具膜质翅。花期 5—6 月，果期 8—10 月。生长于海拔 1600 ～ 2000m 的山坡或林中。材用，提取染料。见于金河口、山涧口、东台、南台等地的针阔混交林带。

红桦 *Betula albo-sinensis* Burk. 桦木属

落叶乔木。树皮红褐色，呈薄层状剥落，纸质。叶卵形，边缘有不规则重锯齿，侧脉 10 ～ 14 对，具褐色腺体。雄花序无梗；果序单生或 2 ～ 4 个排成总状，小坚果具膜翅质。花期 5—6 月，果期 8—10 月。生长于海拔 1800 ～ 2000m 的山地阳坡林中。材用，树皮可提取栲胶。见于金河口针阔混交林带。

榛 *Corylus heterophylla* Fisch. ex Trautv. 榛属

落叶灌木。树皮灰褐色，枝有圆形的髓心。叶片宽倒卵形，中央处具三角形突尖，边缘有不规则锯齿。雄花序单生或两三个簇生；雌花 2 ～ 6 朵簇生枝端。坚果 1 ～ 4 个簇生。花期 3—4 月，果期 8—9 月。生长于海拔 1000m 以上的荒山坡阔叶林中。食用，饲用，提取栲胶。见于金河口阔叶林带。

毛榛 *Corylus mandshurica* Maxim. 榛属

落叶灌木。叶宽卵形，先端急尖，基部斜心形，边缘有重锯齿。总苞在坚果上部收缩呈管状，外密生黄褐色粗毛；苞鳞密被白色短柔毛。坚果密生白色绒毛。花期4—5月，果期8—9月。生长于海拔1500～1800m的山地阴坡，常与榛混生。果仁可食，榨油；树皮可提取单宁。见于金河口阔叶林带。

虎榛子 *Ostryopsis davidiana* Decne. 虎榛子属

落叶灌木。叶卵形，边缘有不整齐的重锯齿。雄花序生于上年生枝的叶腋或枝顶；雌花序生于当年生枝顶；果苞厚纸质，下半部紧包果实，外面密生黄褐色细毛。小坚果褐色，有细肋。花期3—6月，果期4—10月。生长于海拔1200～1800m的向阳山坡或林中。种子可榨油；树皮、树叶可提取单宁。见于金河口亚高山灌木丛带、赤崖堡。

蒙古栎 *Quercus mongolica* Fisch. ex Turcz. 栎属

落叶乔木。树皮灰褐色，深纵裂。叶倒卵形，基部耳形，边缘有波状钝齿。雄花序腋生于新枝上；雌花1～3朵生于枝梢。壳斗杯形，壁厚；苞片覆瓦状，背面有瘤状突起。花期5月，果期10月。生长于海拔800～1600m的阳坡。材用，饲用。见于金河口、山涧口阔叶林带、杨家坪北沟。

榆 *Ulmus pumila* L. 榆属

落叶乔木。树皮粗糙，纵裂。叶椭圆状卵形或披针形，边缘单锯齿，侧脉9～16对。花先叶开放，簇状聚伞花序；花被片4或5；雄蕊4或5，花药紫色。翅果宽倒卵形。花期3月，果期4月。多生于平原或丘陵地带，海拔1700m以下广为分布。材用，饲用。见于山涧口、金河口。

大果榆 *Ulmus macrocarpa* Hance 榆属

落叶乔木。树皮灰黑色，枝常有木栓质翅。叶椭圆状倒卵形，基部偏斜，叶缘具重锯齿，侧脉8～16对，两面被短硬毛，粗糙。花先叶开放，簇生于上年枝的叶腋。翅果宽倒卵形。花期4月，果期5月。生长于海拔1200～1600m的阳坡、沟谷、悬崖。材用。见于金河口章家窑附近山坡、杨家坪北沟。

葎草 *Humulus scandens* (Lour.) Merr. 葎草属

一年生缠绕草本。茎和叶柄均有倒刺。叶掌状5～7深裂，两面有粗糙刺毛。花单性，雌雄异株；雄花序圆锥形，雌花序近球形；苞片有白刺毛和黄色小腺点；花被退化为全缘的膜质片。瘦果黄褐色。花期7—8月，果期9—10月。生长于海拔800～1400m的沟边、路旁和荒地。种子可提制工业用油。见于杨家坪、金河口村舍附近。

大麻 *Cannabis sativa* L. 大麻属

一年生直立草本。有特殊气味。叶掌状全裂，裂片 3 ～ 9，边缘有锯齿，被糙毛。雌雄异株，雄花序圆锥形，雌花序球形或穗形。瘦果两面凸，质硬。花期 7—8 月，果期 9—10 月。各地有栽培。重要纤维植物之一；种子可榨油；果入药。见于金河口章家窑、西金河口村舍附近。

麻叶荨麻 *Urtica cannabina* L. 荨麻属

多年生草本。具横走的根状茎，全株被柔毛和螫毛。叶掌状 3 全裂；雌雄同株，雄花序圆锥状，雌花序穗状；宿存花被片 4，近膜质。瘦果表面具褐红色点。花期 7—8 月，果期 8—10 月。生长于海拔 800 ～ 2800m 的坡地、沙丘坡上、河谷、村舍等处。茎皮纤维可作纺织原料。见于山涧口、金河口郑家沟及附近的村舍周边。

宽叶荨麻 *Urtica laetevirens* Maxim. 荨麻属

多年生草本。全株疏生螫毛。叶交互对生，卵形至宽卵形，叶缘具三角状锐尖锯齿，基出脉3条。雌雄同株；雄花序生于短枝上部的叶腋；雌花序生于短枝下部的叶腋；雌花花被片4，2枚花后增大，包着瘦果。花期7—8月，果期8—9月。生于林缘路旁、林下沟边的阴湿地。茎皮纤维供纺织用。见于金河沟阴湿之处。

狭叶荨麻 *Urtica angustifolia* Fisch. et Hornem. 荨麻属

多年生草本。茎四棱，具螫毛。单叶对生，长圆状披针形，边缘具粗锯齿。雌雄异株，花序多分支；雌花较雄花小；花被片4，果期增大。瘦果包于宿存的花被内。花期7—8月，果期8—10月。生于山地林边、沟边。茎皮纤维供纺织用；茎叶可提取栲胶。见于金河沟阴湿之处。

百蕊草

Thesium chinense Turcz.

百蕊草属

多年生半寄生草本。叶线形，互生，无柄，全缘，具一条明显的叶脉。花单生于叶腋，花被下部合成钟状，上端5裂；雄蕊着生在花被裂片的内侧，与花被裂片对生。坚果表面具网状皱棱，先端具宿存花被。花期4—6月，果期5—8月。生长于海拔1300m以下的草坡及林缘。见于金河口郑家沟、山涧口。

北马兜铃

Aristolochia contorta Bge.

马兜铃属

草质藤本，缠绕上升。叶互生，纸质，三角状宽心形，叶柄细长。花一至数朵簇生叶腋，污绿色带紫；花被管状，在子房上部呈圆球状。蒴果，悬吊果实如铃铛。花期5—7月，果期8—10月。生长于海拔1200m以下的山坡路旁草丛或小树林。果入药。见于山涧口、金河口农田果林带。

苦荞麦 *Fagopyrum tataricum* (L.) Gaertn. 荞麦属

一年生草本。茎带紫色，有细条纹。叶宽三角形，基部心形或戟形；托叶鞘膜质，斜形，棕褐色。圆锥花序，花白色或淡红色，花被5深裂。瘦果三棱，黑褐色。花期7—8月。生长于海拔1600m以下的田边、路边、村边荒地。种子供食用或作饲料。见于金河口农田果林带。

卷茎蓼 *Fallopia convolvulus* (L.) A. Love 何首乌属

一年生草本。茎缠绕。叶近圆形或卵形，基部心形，有耳；托叶鞘棕褐色。花序顶生或腋生，呈间断的总状花序；花淡绿色，花被5深裂。瘦果三棱形，包于宿存花被内或微突出。花期7—8月。生于山谷、山沟、田垄边，常缠绕于灌木丛或蒿草上。见于金河口章家窑。

萹蓄　*Polygonum aviculare* L.　蓼属

一年生草本。分支多。叶窄椭圆形，叶柄极短，托叶鞘膜质，淡白色。花 1 ～ 5 朵簇生于叶腋；花被 5 深裂，裂片有白色或粉红色的边缘。瘦果三棱卵形，黑褐色，包于宿存花被内。花期 5—7 月。生长于海拔 1200m 以下的路边、荒地、田边以及沟边湿地。地上部入药，也可作饲料。见于山涧口、杨家坪、金河口村舍周边。

尼泊尔蓼　*Polygonum nepalense* Meisn.　蓼属

一年生草本。茎下部叶三角状卵形，基部渐窄成有翅的柄，下面有密腺点；茎上部叶较窄，无叶柄；托叶鞘筒状。花序头状，下有叶状总苞。花白色或淡红色，后变蓝紫色。瘦果包于宿存花被内。花期 5—8 月。生于山沟泉水边或湿地。见于金河沟阴湿之处。

红蓼 *Polygonum orientale* L. 蓼属

一年生草本。叶宽椭圆形；茎下部叶有长柄，上部叶柄较短；托叶鞘膜质。顶生圆锥花序，花穗下垂；花两性，粉红色、深红色或白色，花被5深裂。瘦果黑色，包于宿存花被内。花期8—9月。生长于海拔1200m以下的荒地、水沟边或农舍附近。果入药。见于金河口、杨家坪管理区周边。

水蓼 *Polygonum hydropiper* L. 蓼属

一年生草本。节部有时膨大。叶披针形，两面有密生腺点；托叶椭圆状，褐色。花序穗状，下垂。花淡绿色或粉红色，花被5深裂，外面密布腺点。瘦果暗褐色，包于宿存花被内。花期7—8月。生于山沟水边、河边、水田边。见于西金河口村舍附近、金河沟。

两栖蓼 *Polygonum amphibium* L. 蓼属

多年生草本。节部生须根。水生的叶片浮水面，有长叶柄；陆生的茎直立，不分支，有短硬毛。叶片长圆状披针形，两面均密生粗伏毛；托叶有长硬毛。穗状花序；花淡红色或白色。瘦果近圆形，黑色。花期5—9月。生于水沟、静水池塘或岸边陆地。见于金河沟阴湿之处。

酸模叶蓼 *Polygonum lapathifolium* L. 蓼属

一年生草本。叶片基部楔形，正面有黑褐色斑块，背面散生腺点；托叶鞘圆筒形。顶生圆锥花序，花淡红色或绿白色，花被常4深裂。瘦果黑褐色，包于宿存花被内。花期6—7月。生于水沟边、浅水中、水田边、湿草地或荒地。幼嫩茎叶可作猪饲料。见于西金河口村舍附近。

高山蓼 *Polygonum alpinum* All. 蓼属

多年生草本。叶披针形，全缘，边缘有伏毛；托叶鞘膜质，有疏长毛。顶生圆锥花序，苞片膜质，具小尖头，苞内有 2～4 朵花；花被白色，5 深裂。瘦果三棱形，淡褐色，伸出花被外。花期 8—9 月。生长于海拔 1200m 以上的山之阴坡、山沟、林缘。见于山涧口、金河口等地。

叉分蓼 *Polygonum divaricatum* L. 蓼属

多年生草本。茎从基分支，主茎不显。叶披针形、长椭圆形；托叶鞘膜质。花序圆锥状疏散开展，小花梗有关节；花白色，花被 5 深裂。瘦果三棱形，黄棕色。花期 8—9 月。生长于海拔 1000m 以上的山坡，多在阴坡。见于山涧口。

珠芽蓼

Polygonum viviparum L.

蓼属

多年生草本。根茎肥厚，紫褐色。基生叶具长柄，上部叶几无柄；托叶鞘筒状，棕色。穗状花序，苞腋生珠芽；花淡红色或白色，花被5深裂。瘦果三棱形，深棕色，包于宿存花被内。花期5—6月。生长于海拔2400～2800m的亚高山草甸。见于东台、西台、南台等高海拔地带。

拳蓼

Polygonum bistorta L.

蓼属

多年生草本。根茎肥厚。基生叶披针形或窄卵形，基部沿叶柄下延成翅；茎生叶渐小，短柄鞘状；托叶鞘棕色，开裂。穗状花序顶生；花白色或粉红色。瘦果三棱形，红褐色，突出于花被外。花期6—7月。生长于海拔800～2800m的高山草甸或林下。根状茎入药。见于山涧口、金河口。

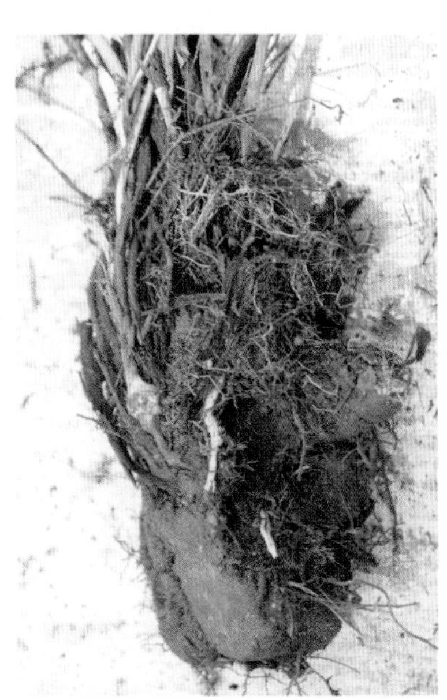

河北大黄 *Rheum franzenbachii* Munt. 大黄属

多年生草本。根粗壮，茎中空。基生叶宽卵形，边缘波状；茎生叶较小；托叶鞘膜质，棕红色，开裂。顶生圆锥花序，花梗下垂；花白色，花被宿存。瘦果三棱形，有翅，上端有凹口。花期 7 月，果期 8 月。生长于海拔 1600 ～ 2400m 的阳坡、山脊、林缘、砾石附近。根可作染料。见于西台、南台、山涧口等地。

酸模 *Rumex acetosa* L. 酸模属

多年生草本。基生叶和茎下部叶长圆形至披针形，有柄；茎上部叶小，无柄，抱茎。顶生圆锥花序；花单性异株。瘦果三棱形，暗褐色，包于宿存花被之内。花期 6—7 月，果期 7—8 月。生长于海拔 1400 ～ 2700m 的山顶草地、林缘和山沟草地。茎叶为猪饲料。见于山涧口、金河口、西台等地。

毛脉酸模 *Rumex gmelini* Turcz. 酸模属

多年生草本。基生叶和茎下部叶宽大，三角状卵形或心形，叶柄长；上部叶渐小，叶柄短；托叶鞘长筒状，破裂。顶生圆锥花序；花两性，花被片6。瘦果三棱形，褐色，包于内花被。花期7—8月，果期8—9月。生长于海拔700～1400m的山沟溪流边或湿草地上。见于山涧口。

巴天酸模 *Rumex patientia* L. 酸模属

多年生草本。茎粗壮，有棱槽。基生叶和茎下部叶长圆形，叶柄长而粗；茎上部叶窄小，近无柄；托叶鞘筒状。圆锥花序，花密集，两性；花被片6。瘦果三棱形，褐色，包于宿存的内花被。花期4—6月，果期5—8月。生长于海拔1600m以下的水沟边、田边、山沟边或湿地。见于山涧口、金河口村舍附近。

菊叶香藜 *Chenopodium foetidum* Schrad. 藜属

一年生草本，芳香。叶互生，羽状浅裂至深裂，生具节的短柔毛和棕黄色的腺点。二歧聚伞花序集成塔形圆锥状花序，花单生；花被片5。胞果扁球形，果皮薄，与种子紧贴。花期7—9月，果期9—10月。生于草地、河岸、田边和路旁。可作为杀虫剂。见于金河口章家窑。

灰绿藜 *Chenopodium glaucum* L. 藜属

一年生草本。叶互生，边缘具大波状齿，背面淡紫红色，被白粉。叶腋处着生短穗状花序；花被片3或4。胞果不完全包于花被内。花期5—9月，果期8—10月。生于盐碱地、水边、田间、荒地或路旁。茎叶可提取皂素；又可作为牲畜饲料。见于金河口郑家沟及附近村舍。

尖头叶藜 *Chenopodium acuminatum* Willd. 藜属

一年生草本。茎直立，具条棱。叶互生，有长柄，具紫红色或黄褐色透明的边缘，背面被白粉。穗状圆锥花序；花小，两性；花被片5，背部中央具绿色龙骨状隆脊。胞果圆形。花期6—7月，果期8—9月。生于田边、河滩和海滨。见于山涧口。

杂配藜 *Chenopodium hybridum* L. 藜属

一年生草本。叶互生，宽卵形至卵状三角形，叶缘掌状浅裂。圆锥状花序；花两性兼有雌性；花被片5，背部具纵隆脊。胞果双凸镜状。花期7—9月，果期9—10月。生于路边、荒地、山坡、杂草地。嫩枝叶可作为猪饲料。见于金河沟。

藜 *Chenopodium album* L. 藜属

一年生草本。叶互生，具长柄，叶片边缘具不整齐锯齿，背面被白粉。圆锥状花序；花两性，花被片 5，具纵隆脊和膜质的边缘。胞果包于花被内或顶端稍露。花果期 5—10 月。生于田间、荒地、路旁、宅旁等地。见于金河口郑家沟、章家窑等地。

地肤 *Kochia scoparia* (L.) Schrad. 地肤属

一年生草本。叶互生，披针形，几无柄。花两性，集成稀疏的穗状花序；花被片 5。胞果扁球形，包于花被内。花期 6—9 月，果期 7—10 月。生于田间、荒地、路旁、堤岸、宅旁。种子榨油；果入药；鲜嫩茎叶可食。见于西金河口、章家窑。

猪毛菜

Salsola collina Pall.

猪毛菜属

一年生草本。叶线状圆形，肉质。花两性，在茎顶排列为细长穗状；花被片5，膜质，结果后背部生短翅或革质突起。胞果倒卵形。花果期7—10月。生于村边、路旁、荒地及含盐碱的沙质土壤上。见于金河口郑家沟、西金河口、章家窑。

反枝苋

Amaranthus retroflexus L.

苋属

一年生草本。叶菱状或椭圆状卵形，具芒尖；叶基楔形。圆锥花序；花单性，雌雄同株，花被片白色，薄膜状，顶端具凸尖。胞果包裹在花被片内。花期7—8月，果期8—9月。生长于海拔1100m以下的地旁、住宅附近。幼茎叶可作野菜。见于杨家坪、金河口、山涧口村舍周边。

马齿苋　*Portulaca oleracea* L.　马齿苋属

一年生草本。全株肉质。茎分支多，沿地上偃卧而生。叶互生，长椭圆状楔形或匙形，质肥厚而柔软。花两性，3～5 朵生于枝端；总苞三角状广卵形，白绿色；花瓣 5。盖裂蒴果。花期 5—8 月。生长于海拔 1200m 以下的田间、荒地。地上部入药，可食用；也可作饲料。见于山涧口、杨家坪、金河口周边。

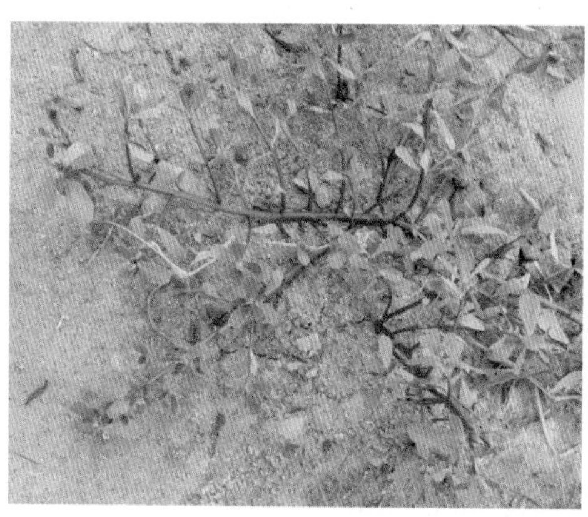

灯心草蚤缀　*Arenaria juncea* Bieb.　蚤缀属

多年生草本。基生叶线形，簇生；茎生叶与基生叶同形而较短，基部合生，呈鞘状抱茎。聚伞花序顶生；有 5～8 朵或更多花；萼片 5；花瓣 5，白色，较萼长 1.5～2.0 倍。蒴果卵形。花期 7—9 月。生于山地崖壁上。见于西台亚高山草甸。

种阜草 *Moehringia lateriflora* (L.) Fenzl 种阜草属

多年生草本。叶长圆状披针形，边缘具睫毛，两面被颗粒状小突起。花 1 ～ 3 朵呈聚伞状；花梗中部有 2 枚披针形膜质小苞；萼片 5；花瓣 5，白色。蒴果长卵形。花果期 6—8 月。生长于海拔 1500m 左右的山地林下及山谷溪流旁。见于金河沟、杨家坪管理区周边、山涧口。

卷耳 *Cerastium arvense* L. 卷耳属

多年生草本。丛生。叶长圆状披针形，中脉明显。顶生二歧聚伞花序；苞片叶状；萼片 5，背面密被腺毛；花瓣 5，白色，顶端 2 浅裂。蒴果圆筒状。花期 5—7 月，果期 7—9 月。生长于海拔 1200 ～ 2200m 的山坡草地、山沟路边。见于金河沟、杨家坪北沟、山涧口、赤崖堡等地。

蔓茎蝇子草 *Silene repens* Patr. 蝇子草属

多年生草本。叶线状披针形，中脉明显。聚伞花序；苞片叶状，狭披针形；萼筒棍棒状，具10条纵脉；花瓣5，白色，顶端2深裂，瓣片与爪间有2小鳞片。蒴果卵状长圆形。花期6—7月。生于山坡草地、林下、山沟溪边。见于山涧口、金河沟。

女娄菜 *Silene aprica* Turcz. ex Fisch. et Mey. 蝇子草属

一年生或二年生草本。叶条状披针形，两面密生短柔毛。聚伞花序；萼筒先端5齿裂，具10脉；花瓣5，淡紫色，稀白色，顶端2裂，喉部具2鳞片状附属物。蒴果椭圆形。花期6—7月。生长于海拔1200m左右的山坡草地或山谷湿地。见于杨家坪北沟、金河沟等地。

旱麦瓶草

Silene jenisseensis Willd.

蝇子草属

多年生草本。茎丛生，节部膨大。基生叶簇生，倒披针状线形，茎生叶较小。聚伞花序；花萼具10条纵脉，脉间白色膜质，果时膨大呈筒状钟形；花瓣5，白色，瓣片2叉状中裂，瓣片和爪间具2鳞片。蒴果卵形。花期7—8月。生长于海拔1200m以下的山坡草地、石质山坡上。见于山涧口、金河沟等地。

瞿麦

Dianthus superbus L.

石竹属

多年生草本。叶线状披针形，基部呈短鞘围抱茎节。花常集成稀疏聚伞状；萼下苞2或3对；萼淡绿色或带紫色；花瓣5，淡红色，瓣片边缘细裂成流苏状，喉部有须毛。蒴果狭圆筒形。花期7—8月。生长于海拔800～1800m的山坡草地、林缘、疏林下或高山草甸上。地上部入药。见于金河沟、山涧口斗根岭。

石竹 *Dianthus chinensis* L. 石竹属

多年生草本。叶线状披针形，基部渐狭呈短鞘抱茎节。花 1 ～ 3 朵呈聚伞状花序；萼下苞 2 对，具细长芒尖；花瓣菱状倒卵形，淡红色、粉红色或白色，先端齿裂，喉部有斑纹。蒴果圆筒形。花期 5—9 月。生长于海拔 1800m 以下的向阳山坡草地、丘陵坡地、林缘、灌木丛间。地上部入药。见于山涧口、金河沟、郑家沟等地。

驴蹄草 *Caltha palustris* L. 驴蹄草属

多年生草本。具粗壮纤维根。基生叶肾形或卵状心形，边缘有粗锯齿；茎生叶肾形。单歧聚伞花序；花黄色；萼片 5，倒卵形。果有横脉，先端具喙。花期 5 月，果期 6—7 月。生长于海拔 1500 ～ 2000m 的沟谷、草地、水边、山坡林下潮湿处。见于山涧口。

金莲花　*Trollius chinensis* Bge.　金莲花属

多年生草本。基生叶近五角形，3全裂，裂片又3深裂；茎生叶2或3，与基生叶同形。花单生或两三朵组成聚伞花序；萼片金黄色。蓇葖果具脉网，喙长1mm；种子具4或5棱角。花期6月，果期7—8月。生长于海拔1700～2200m的山地草坡或疏林下。见于山涧口、金河口等地的亚高山草甸和阔叶林下。

兴安升麻　*Cimicifuga dahurica* (Turcz.) Maxim.　升麻属

多年生草本。二至三回三出复叶，顶生小叶3深裂。复总状花序；雌雄异株，雄花序较雌花序长，可达30cm；萼片5，花瓣状，白色；退化雄蕊叉状二深裂。果实倒卵状椭圆形。花期7—8月，果期8—9月。生长于海拔1800～2200m的阴坡林下。根茎入药。多见山涧口、金河口等地的针阔混交林下。

华北耧斗菜 *Aquilegia yabeana* Kitag. 耧斗菜属

多年生草本。基生叶一至二回三出复叶；茎生叶三出复叶或单叶3裂。聚伞花序；花瓣紫色，距较细，钩状弯曲。蓇葖果。花期5—8月。生长于海拔1400～1600m的山坡、林边、山沟石缝间。种子含脂肪油；栽培供观赏。见于山涧口、赤崖堡、金河口上寺等地。

瓣蕊唐松草 *Thalictrum petaloideum* L. 唐松草属

多年生草本。叶三至四回三出羽状复叶，小叶肾状圆形至倒卵形；基生叶有长柄，茎生叶近无柄，柄基部加宽呈鞘状。伞房状聚伞花序；萼片4，白色，无花瓣。瘦果卵状椭圆形。花期6—7月，果期8月。生长于海拔300～2900m的山地草坡向阳处。广泛分布于小五台山。

展枝唐松草 *Thalictrum squarrosum* Steph. 唐松草属

多年生草本。三至四回三出羽状复叶，叶轴与小叶间关节显著，小叶顶端3裂，中央裂片又3齿裂；总叶柄基部加宽，呈膜质鞘状。圆锥花序聚伞状；萼片5，绿白色。瘦果。花期7—8月，果期8—9月。生于干燥的砾质山坡、沙丘、森林草原。见于金河沟。

东亚唐松草 *Thalictrum minus* L. var. *hypoleucum* (Sieb. et Zucc.) Miq. 唐松草属

多年生草本。三至四回三出复叶，小叶先端3浅裂，裂片顶端有短尖头。圆锥花序，花黄色；萼片4；雄蕊多数，花药线形。瘦果纺锤形略弯曲。花期7—8月，果期9月。生长于海拔900～1600m的山坡、路旁、林下。见于金河口郑家沟、金河沟；杨家坪；山涧口。

高乌头 *Aconitum sinomontanum* Nakai. 乌头属

多年生草本。基生叶1，茎生叶4～6，叶片近肾状圆形，先端3深裂，中裂片再3中裂。总状花序顶生；花紫色，先端圆筒形，下部阔并有短喙。花期7—8月，果期9月。生长于海拔1800～2400m的山地草坡、林下、溪旁。见于东台、西台附近的针阔混交林下。

牛扁 *Aconitum barbatum* Pers. var. *puberulum* Ledeb. 乌头属

多年生草本。叶肾形，3全裂，裂片再羽状深裂；茎生叶和下部叶有长柄。总状花序；花密生，黄色，盔瓣圆筒形；蜜叶2，有长爪，距与瓣片近等长。花期6—8月。生长于海拔1600～2600m的高山草甸、林缘。见于山涧口、金河口郑家沟、北台山地草甸、杨家坪北沟。

华北乌头 *Aconitum soongaricum* Stapf var. *angustius* W. T. Wang 乌头属

多年生草本。块根2。叶片五角形，3全裂，中央裂片宽菱形。总状花序；花15～30朵，小苞片钻形；萼片5，蓝紫色，上萼片盔形；蜜叶2。种子沿棱生翅。花期8—9月。生长于海拔1900～2600m的山坡草地。有毒植物。见于东台、西台等地的亚高山草甸。

草乌头 *Aconitum kusnezoffii* Reichb. 乌头属

多年生草本。块根大。叶掌状3深裂，中裂片上部3深裂，裂片再2或3浅裂。总状花序，花蓝紫色，上方萼片风兜状；蜜叶瓣片大。种子具横膜翅。花期6—8月。生长于海拔1400～2400m的阔叶林下、林缘或潮湿山坡。块根、叶入药。见于山涧口、金河沟、杨家坪北沟。

翠雀 *Delphinium grandiflorum* L. 翠雀属

多年生草本。叶片圆肾形，3全裂，裂片线形；基生叶及茎下部叶有长柄。总状花序，小苞片线形；花深蓝色，萼片5，距较萼片长，钻形；蜜叶2。种子四面体形，具膜质翅。花期5—7月。生长于海拔800 ～ 1300m的山地草坡或山谷草地。见于山涧口、金河口、西台、南台等地。

石龙芮 *Ranunculus sceleratus* L. 毛茛属

一年生或二年生草本。根呈束状，茎中空。叶宽卵形，3深裂，基生叶和茎下部叶有长柄。花序常生多花，花黄色；萼片5，淡绿色，外被绢状柔毛；花瓣倒卵状椭圆形。聚合果长圆形。花期5—7月。生于水边湿地或浅污泥中。见于山涧口、金河沟等地的阴湿之处。

茴茴蒜

Ranunculus chinensis Bge.

毛茛属

多年生草本。须根细长成束，茎中空。三出复叶，中间小叶3裂，裂片再2或3深裂，边缘具齿，叶两面伏生长硬毛。萼片5，黄绿色；花瓣5，黄色。聚合果椭圆形。花期5—8月。生于湖边、水田草地或山沟溪边。见于山涧口、金河沟。

毛茛

Ranunculus japonicus Thunb.

毛茛属

多年生草本。须根发达呈束状。茎和叶柄密生伸展的淡黄色柔毛。叶片宽卵形，3裂，中裂片3裂，侧裂片不等2裂；叶柄基部加宽呈鞘状。苞叶线形；花多数，花瓣5，鲜黄色。聚合果球形；瘦果倒卵形。花期6—9月。生长于海拔800～1200m的山地沟旁或山坡草丛中及林边。广泛见于小五台山。

水葫芦苗 *Halerpestes cymbalaria* (Pursh) Green 水葫芦苗属

多年生草本。有细长的匍匐茎，节上生根和叶。叶形多变，基部微心形或楔形；叶有长柄，基部扩大有白色膜质鞘。花葶1，由基部抽出；花黄色；萼片5，向下反折；花瓣5，基部有爪。聚合果。花期5—8月，果期6—9月。生长于海拔800～1100m的盐碱土湿地、河岸沙地。见于金河沟、山涧口阴湿之处。

小花草玉梅 *Anemone rivularis* Buch.-Ham. var. *lore-minore* Maxim. 银莲花属

多年生草本。叶片肾状五角形，三回三裂。花葶粗壮；苞片3，3深裂，裂片2或3裂。聚伞花序，二至三回分支；花白色；萼片5。瘦果，花柱弯曲宿存。花期6—8月。生长于海拔1300～1900m的山地林缘或草地。见于金河沟、东台亚高山草甸、杨家坪西河槽。

林生银莲花 *Anemone silvestris* L. 银莲花属

多年生草本。叶片五角形，掌状 3 全裂，裂片 2 或 3 裂。花序高；总苞叶 3；花单一，顶生，白色；萼片 5，倒卵形；无花瓣。聚合果，瘦果密生长棉毛。花期 5—6 月。生于山坡、林下、林间沙质湿地和水甸子边。见于山涧口。

大火草 *Anemone tomentosa* (Maxim.) Péi 银莲花属

多年生草本。基生叶三出复叶，中央小叶有长柄，边缘密生锯齿，侧生小叶 3 裂，边缘有粗锯齿。花葶高 40 ～ 120cm；总苞片 3，叶状。聚伞花序，二至三回分支；花梗长 5cm；萼片 5，白色带粉红色，无花瓣。聚合果球形。花期 7—9 月。生长于海拔 400 ～ 3000m 的山坡荒地、山谷路旁。见于山涧口。

长毛银莲花 *Anemone crinita* Juz. 银莲花属

多年生草本。叶片圆肾形，3裂，裂片又二至三回羽状细裂，叶两面疏生长毛。叶柄与花葶密生开展的白色长毛。伞形花序状或花单生；花白色。花期5—6月，果期7—9月。生于草甸、林缘草地、山坡、山顶石砾处。见于金河沟、山涧口。

钝裂银莲花 *Anemone obtusiloba* D. Don ssp. *ovalifolia* Brühl 银莲花属

多年生草本。基生叶有长柄；叶片肾状五角形，基部心形。花葶有开展的柔毛；苞片3，宽菱形或楔形，萼片白色、蓝色或黄色。花期5—7月。生长于海拔2200～2600m的亚高山草甸或灌木丛。见于山涧口、西台等地的亚高山草甸。

白头翁

Pulsatilla chinensis (Bge.) Regel

白头翁属

多年生草本。叶基生，密被开展长柔毛，3深裂，侧生小叶2或3深裂。总苞叶状，轮生于花葶上；花钟形，紫色或蓝紫色；萼片6。瘦果呈头状，密生白色羽毛。花期4—5月，果期6—7月。生长于海拔1400m以下的山坡、平地、干草坡等向阳地。根入药。见于山涧口，杨家坪辛庄梁。

大叶铁线莲

Clematis heracleifolia DC.

铁线莲属

多年生直立草本。茎具明显的纵条纹，密生白绢毛。三出复叶，小叶边缘有不整齐的粗锯齿。聚伞花序；苞叶线状；花蓝紫色；萼片外面密生灰白色绒毛。瘦果红棕色，有白色羽状毛。花期9—10月。生于山坡、谷地、灌木丛、林下。见于杨家坪北沟。

棉团铁线莲 *Clematis hexapetala* Pall. 铁线莲属

多年生草本。茎基部有枯叶裂成纤维状。叶一至二回羽状分裂，近革质，裂片披针形。顶生聚伞花序；苞叶线形；花白色；萼片密生白色棉毡毛。瘦果具污白色羽毛。花期6—8月，果期7—9月。生长于海拔900～1100m的山坡、田边、林缘或林间草地。根、根茎入药；也作农药。见于金河沟、章家窑，山涧口，中台草甸。

大瓣铁线莲 *Clematis macropetala* Ledeb. 铁线莲属

木质藤本。二回三出掌状复叶，小叶不裂或3裂，有小叶柄，椭圆状卵形。花蓝色，单生枝顶；萼片4；退化雄蕊花瓣状，披针形。瘦果有灰白色柔毛，花柱羽毛状。花期6—7月。生长于海拔1300～1500m的山地林下。见于山涧口、金河口郑家沟及高海拔地带的阔叶林下。

芹叶铁线莲 *Clematis aethusifolia* Turcz. 铁线莲属

草质藤本。叶对生，三回羽状复叶，羽片有 1 ～ 3 对小羽片，小羽片羽状全裂，裂片线形。聚伞花序有 1 ～ 3 朵花；花钟形，淡黄色；萼片 4。瘦果倒卵形。花期 8—9 月，果期 9—10 月。生长于海拔 1200m 左右的路旁、沟谷或山坡灌木丛中。见于金河口郑家沟、章家窑，山涧口，杨家坪周边地埂。

黄花铁线莲 *Clematis intricata* Bge. 铁线莲属

多年生攀缘草本。一至二回羽状三出复叶，小叶 2 或 3 全裂，裂片线形。花单生或聚伞花序；中间花无苞叶，侧生花梗下部有 1 对苞叶；花黄色；萼片 4。瘦果卵形。花期 6—8 月。生长于海拔 1200m 以下的山坡、路旁、荒野。见于山涧口、辉川农田田埂，金河口农田果林带。

短尾铁线莲

Clematis brevicaudata DC.

铁线莲属

多年生木质藤本。三出或羽状复叶，小叶卵形至披针形，边缘疏生粗锯齿。圆锥状聚伞花序，花白色或淡黄色；萼片 4；无花瓣。瘦果卵形。花期 7—8 月，果期 9—10 月。生长于海拔 1000 ～ 2000m 的山地灌木丛间、林缘或平原路旁。见于山涧口、金河口郑家沟、杨家坪周边地埂。

草芍药

Paeonia obovata Maxim.

芍药属

多年生草本。茎基部有鳞片。二回三出复叶，顶生小叶较侧生小叶大。花单生，紫色或白色；萼片 2 或 3；花瓣 5 或 6。果长圆形，种子蓝黑色，近球形。花期 5—7 月，果期 9—10 月。生长于海拔 1800m 以下的阳坡、林缘或草坡。见于金河沟、山涧口。

细叶小檗　*Berberis poiretii* Schneid.　小檗属

落叶灌木。一年生枝紫红色，具棱。刺 1，不分叉或 3 分叉。叶倒披针形，基部渐窄成短柄。总状花序，下垂；苞片钻状。浆果红色。花期 5—6 月，果期 8—9 月。生长于海拔 1200m 左右的地埂、山坡、沟边、林内、灌木丛间。根入药。见于山涧口、赤崖堡、金河口农田果林带。

大叶小檗　*Berberis amurensis* Rupr.　小檗属

落叶灌木。枝灰黄色，有棱。刺常 3 分叉。叶纸质，倒卵状椭圆形，边缘密生刺状细锯齿。总状花序常下垂；萼片两轮；花瓣黄色，先端微缺。浆果鲜红色，被白粉。花期 5—6 月，果期 8—9 月。生长于海拔 1600m 以下的山坡、山沟、丛林、山林。见于山涧口、金河口。

蝙蝠葛 *Menispermum dauricum* DC. 蝙蝠葛属

多年生藤本。根茎木质化。叶盾状，掌状3～7浅裂，裂片三角形。圆锥状花序，下部有小苞片；小花黄绿色，萼片6；花瓣6～12。核果近球形，成熟时黑紫色。花期6—7月。生长于海拔1000～1300m的山沟、农田、石垄边或山坡林缘灌木丛中。根茎入药。见于山涧口。

北五味子 *Schisandra chinensis* (Turcz.) Baill. 北五味子属

落叶木质藤本。单叶互生，叶倒卵形、宽卵形或椭圆形，边缘有细齿。雌雄异株，花被片6～9，乳白色或粉红色。穗状聚合果，浆果肉质，紫红色；种子肾形。花期5—6月，果期8—9月。生长于海拔1400～1800m的山地灌木丛、阴坡林下。果入药；种子、茎叶可提炼芳香油。见于金河口、上寺；杨家坪东沟。

白屈菜 *Chelidonium majus* L. 白屈菜属

多年生草本。全草含棕黄色液汁。叶互生，羽状全裂，全裂片5，顶裂片常3裂；叶表面绿色，背面有白粉。伞形花序含花3～7；萼片2；花瓣4，亮黄色。蒴果。花果期4—7月。生长于海拔1100～1400m的山野、沟边湿润处。全草入药。见于金河口、山涧口。

野罂粟 *Papaver nudicaule* L. ssp. *rubro-aurandiacum* (DC.) Fedde 罂粟属

多年生草本。具乳汁。叶基生，叶片卵形，羽状全裂，裂片2或3对。花单独顶生；萼片2，早落；花瓣4，鲜黄色。蒴果狭倒卵形，密被粗而长的刚毛。花期6—7月，果期8月。生长于海拔2200m的高山草甸。见于东台、西台、南台的高山草甸。

地丁草 *Corydalis bungeana* Turcz. 紫堇属

多年生草本。基生叶和茎下部叶具长柄；叶片轮廓卵形，一回裂片2或3对，灰绿色。总状花序；苞片叶状，羽状深裂；萼片近三角形；花瓣淡紫色，内面顶端具紫斑。蒴果长圆形。花果期4—7月。生长于海拔1600m以下的荒地、山麓、平原上。全草入药。见于金河口农田果林带、杨家坪周边田间地埂。

诸葛菜 *Orychophragmus violaceus* (L.) O. E. Schulz 诸葛菜属

一年生或二年生草本。基生叶及下部茎生叶大头羽状分裂，上部茎生叶长圆形或窄卵形；花紫色或褪成白色；花萼筒状，紫色；花瓣具细脉纹。长角果线形，具4棱，喙长1.5～2.5cm。花期4—5月，果期5—6月。生于平原、山地、路旁或田边。观赏，嫩茎叶食用。见于金河口、杨家坪周边。

光果宽叶独行菜 *Lepidium latifolium* L. var. *affine* C. A. Mey. 独行菜属

多年生草本。基生叶革质，长圆披针形或卵形；茎生叶卵形或披针形。总状花序圆锥状；花白色。短角果宽卵形。花期 5—8 月，果期 7—9 月。生长于海拔 1200m 以下的村舍、田边及路旁。见于山涧口、金河口管理区院内。

独行菜 *Lepidium apetalum* Willd. 独行菜属

一年生或二年生草本。基生叶窄匙形，羽状浅裂；茎生叶线形。总状花序在果期延长；花无瓣或退化呈丝状，比萼片短。短角果宽椭圆形，扁平。花果期 5—7 月。生于山坡、山沟、路旁及村旁附近。嫩叶食用；种子入药；种子可榨油。见于金河口章家窑、郑家沟。

遏蓝菜　*Thlaspi arvense* L.　遏蓝菜属

一年生草本。茎具棱。基生叶倒卵状长圆形；茎生叶长圆状披针形，基部抱茎。总状花序顶生；花白色；花瓣长圆倒卵形。短角果倒卵形，扁平，顶端凹入，边缘周围有宽约3mm的翅。花期5—6月，果期6—7月。生于路旁、沟边、村旁附近或山坡。地上部入药。见于山涧口。

山遏蓝菜　*Thlaspi thlaspidioides* (Pall.) Kitag.　遏蓝菜属

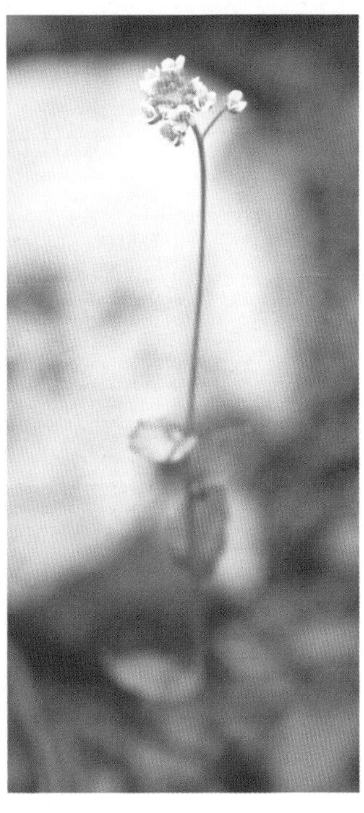

多年生草本。茎多数，不分支。基生叶莲座状，匙形或长圆状倒卵形；茎生叶卵状心形。总状花序果期伸长；花白色；花瓣倒卵形，具爪。短角果长圆状倒卵形，顶端略凹缺且稍有翅。花果期6—7月。生于山坡草地。见于西台。

葶苈

Draba nemorosa L.

葶苈属

一年生草本。基生叶莲座状，倒卵长圆形；茎生叶卵状披针形，密生灰白色柔毛及星状毛。总状花序在果期伸长；花浅黄色。长角果长圆形，近水平展开。花期4—5月，果期5—6月。生于山坡、田边。种子油工业用。见于杨家坪辛庄梁、金河口郑家沟、山涧口、西台。

苞序葶苈

Draba ladyginii Pohle

葶苈属

多年生草本。基生叶丛生，窄倒披针形；茎生叶无柄，卵形或窄卵形。总状花序顶生，下部2至数朵花有苞片；花瓣白色，倒卵状楔形。短角果线状披针形。花期7月，果期8月。生长于海拔2000m左右的亚高山草甸。见于西台亚高山草甸。

紫花碎米荠 *Cardamine tangutorum* O. E. Schulz 碎米荠属

多年生草本。基生叶具长柄，奇数羽状复叶，小叶3～5对；茎生叶长圆状披针形。总状花序伞房状；花红紫色；萼片基部囊状；花瓣具爪。长角果线形。花期6—7月，果期7—8月。生长于海拔1800～2400m的沟谷、山坡、林下。见于山涧口、金河沟、牛草沟。

垂果南芥 *Arabis pendula* L. 南芥属

多年生草本。茎基部木质化。下部茎生叶长圆状卵形，基部窄耳状抱茎；上部茎生叶窄椭圆形或披针形，无柄。总状花序顶生；花白色；花瓣倒披针形。长角果线形，扁平。花期6—7月，果期7—8月。生于林缘、灌木丛、河岸及路旁杂草地。见于金河沟、山涧口。

硬毛南芥 *Arabis hirsuta* (L.) Scop. 南芥属

一年生草本。全株有开展单硬毛和分叉毛。基生叶长圆形或匙形，边缘具齿；茎生叶无柄，卵形或长圆状披针形。总状花序顶生；花白色；花瓣长圆状椭圆形。长角果线形，扁平。花期6月，果期7月。生长于海拔1200～2000m的沟谷、林缘。见于山涧口、金河口郑家沟。

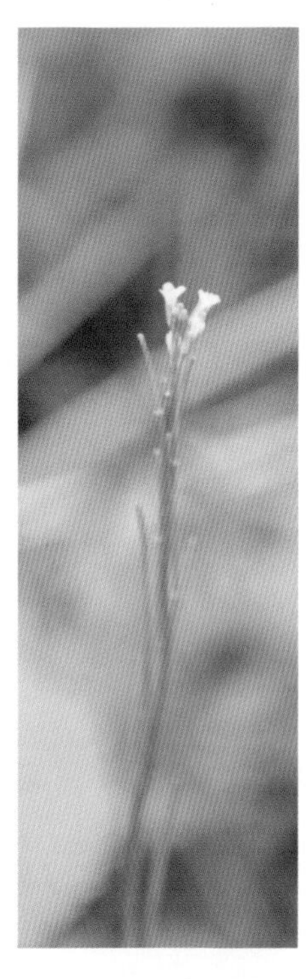

风花菜 *Rorippa globosa* (Turcz.) Thellung. 蔊菜属

一年生草本。茎基部木质化。叶长圆形或倒卵披针形，基部抱茎。总状花序顶生；花黄色；花瓣倒卵形。短角果球形，顶端有短喙。花果期6—9月。生于路旁、沟边、河岸、湿地，较干旱的地方也能生长。幼嫩植物作饲料。见于金河沟阴湿之处。

沼生蔊菜 *Rorippa islandica* (Oedre) Borbas 蔊菜属

二年生或多年生草本。基生叶和下部叶羽状分裂，侧裂片 3 ～ 5 对，边缘有钝齿；上部叶不分裂。总状花序；花浅黄色。长角果圆柱状长椭圆形。花果期 5—7 月。生长于海拔 900 ～ 1200m 的路旁潮湿地。种子油食用及工业用；幼嫩植物作饲料。见于金河口村舍周边、金河沟、山涧口。

豆瓣菜 *Nasturtium officinale* R. Br. 豆瓣菜属

多年生草本。具根状茎。茎葡匐，节生根，多分支。叶为奇数大头羽状复叶，小叶 1 ～ 4 对。总状花序顶生；花白色；花瓣有长爪。长角果长圆形。花期 5 月，果期 6 月。生长于海拔 800 ～ 1200m 的潮湿地、浅水中。种子油供工业用。见于金河沟、杨家坪西河槽。

全缘花旗杆 *Dontostemon integrifolius* (L.) C. A. Mey. 花旗杆属

二年生草本。具单毛或腺毛。叶线形，基部渐狭，全缘。总状花序顶生；花浅紫色或白色；直径约 3mm；花瓣有爪。长角果线形，果梗长 4 ~ 5mm。花果期 7—8 月。生长于海拔 2000m 左右的阴坡草地。见于山涧口、金河沟。

香花芥 *Hesperis tirchosepala* Turcz. 香花芥属

二年生草本。茎直立，具疏生硬单毛。基生叶在花期枯萎，茎生叶长圆状椭圆形或窄卵形，边缘有不等尖锯齿。花紫色；花瓣倒卵形，具长爪。长角果窄线形。花果期 5—8 月。生长于海拔 1400m 左右的沟谷、潮湿地、山坡。见于杨家坪分沟。

糖芥 *Erysimum bungei* (Kitag.) Kitag. 糖芥属

一年生或二年生草本。密生贴生二歧分叉毛。茎具棱角。基生叶及下部叶披针形；上部叶有短柄，基部近抱茎。总状花序；花橘黄色；花瓣有细脉纹，具长爪。长角果线形。花期6—8月，果期7—9月。生长于海拔1700m以下的阳坡、草地、疏林地。见于山涧口；金河沟、郑家沟。

播娘蒿 *Descurainia sophia* (L.) Webb. ex Prantl 播娘蒿属

一年生草本。叶轮廓窄卵形，三回羽状深裂，末回裂片线状长圆形，下部叶有柄，上部叶无柄。花浅黄色；花瓣匙形。长角果窄线形。花果期5—7月。生于路边、沟边、山坡。种子入药；种子油工业用。见于金河口郑家沟及附近村舍。

景天三七

Sedum aizoon L.

景天属

多年生草本。全草肉质肥厚。叶椭圆披针形至长圆状披针形，边缘有锯齿，几无柄。聚伞花序，花序无苞片；多花密生，黄色。花期6—8月，果期8—10月。生长于海拔1400m以下的山坡、山沟、草丛中。见于山涧口、金河沟、郑家沟。

白景天

Sedum pallescens Freyn

景天属

多年生肉质草本。茎直立，不分支。叶互生，肉质，椭圆倒披针形或窄长倒卵形，近无柄；叶面有赤褐色斑点。聚伞花序伞房状，顶生，多花密集成半圆球状；花白色或粉红色；花瓣5。果分离。生于山坡草地、河沟中。见于山涧口。

华北景天 *Sedum tatarinowii* Maxim. 景天属

多年生草本。茎多数丛生，不分支。叶互生，线状披针形至倒披针形，无柄。伞房状聚伞花序顶生，紧密多花；花瓣浅红色，卵状披针形。花期7—8月，果期9月。生长于海拔1400m以下的沟谷、山地岩石缝中。见于山涧口、金河口郑家沟。

小丛红景天 *Rhodiola dumulosa* (Franch.) S. H. Fu 红景天属

多年生草本。根茎粗壮块状。叶互生，线形，全缘。聚伞花序集生茎顶呈半圆球形；花白色或淡红色；花瓣长圆披针形。种子有微乳突状突起和窄翅。花期6—7月，果期8月。生长于海拔1200～2300m的山坡石上。见于山涧口、西台、南台的亚高山草甸。

钝叶瓦松

Orostachys malacophyllus (Pall.) Fisch.

瓦松属

多年生草本。莲座状叶长椭圆形或卵形，叶上密布暗赤色斑点。花茎高达 30cm；花序肥厚密集，花黄色或黄白色；苞片具暗赤色斑点；萼片具紫色斑点；花瓣 5 或 6。果卵形。花期 7 月，果期 8—9 月。生长于海拔 1800m 以下的山地岩石缝中。见于金河口郑家沟。

瓦松

Orostachys fimbriatus (Turcz.) Berg.

瓦松属

多年生肉质草本。全株密生紫红色斑点。基生叶宽线形或披针形，先端有流苏状齿；茎生叶互生，线形。圆锥花序呈塔形；花粉红色；萼片 5；花瓣 5。果先端细尖。花期 6—8 月，果期 7—9 月。生长于海拔 2000m 以下的河滩、干燥坡地、屋顶、墙头及山坡石缝中。地上部入药。见于金河口郑家沟、章家窑，杨家坪分沟。

红升麻 *Astilbe chinensis* (Maxim.) Franch. et Savat. 红升麻属

多年生草本。茎散生棕褐色长毛。基生叶二至三回三出羽状复叶；茎生叶 2 或 3。圆锥花序，总花梗密被棕色卷曲长柔毛；花密集；花瓣 5，红紫色。心皮 2，含多种子。花期 6—7 月，果期 9 月。生长于海拔 1800 ～ 2400m 的山坡、杂木林下、山谷湿地或流水沟边。见于山涧口、金河沟、辉川湖上沟。

梅花草 *Parnassia palustris* L. 梅花草属

多年生草本。基生叶丛生，具长柄，叶片卵形或心形；花茎中部具一无柄叶片，基部抱茎。花单生花茎顶端，白色或淡黄色，直径 1.5 ～ 2.5cm；外形似梅花；花瓣 5，平展，宽卵形。蒴果，上部 4 裂。花果期 7—9 月。生长于海拔 1000 ～ 1700m 的林下湿地或高山草坡上。见于山涧口、赤崖堡。

细叉梅花草　*Parnassia oreophila* Hance　梅花草属

多年生草本。根茎球形，肥厚，被褐色膜质鳞片。基生叶具长柄，卵状椭圆形，被锈色腺点；茎生叶1个，与基生叶同形。花茎数枚，花白色，单生茎顶。蒴果倒卵形。花果期7—9月。生长于海拔2400m左右的阳坡草甸。见于东台、西台、南台的亚高山草甸。

太平花　*Philadelphus pekinensis* Rupr.　山梅花属

落叶灌木。幼枝带紫褐色，老枝灰褐色。叶对生，卵形；叶柄短，带紫色。总状花序，具5～9朵花；花乳白色，微芳香；花瓣4。蒴果倒圆锥形，4瓣裂。花期5—6月，果期8—9月。生长于海拔1400～1800m的山坡、沟谷溪边灌木丛。观赏。见于金河沟、杨家坪分沟、山涧口。

山梅花　*Philadelphus incanus* Koehne　山梅花属

落叶灌木。幼枝密生柔毛；二年生枝褐色，片状剥裂。叶对生；叶长圆状卵形，背面密被长柔毛或粗硬毛，5 条脉。总状花序，具花 7 ～ 11 朵；花白色；花瓣 4，基部具短爪。花期 5—6 月，果期 8—9 月。生长于海拔 1200 ～ 1600m 的林缘、山坡。观赏。见于山涧口、金河沟。

小花溲疏　*Deutzia parviflora* Bge.　溲疏属

落叶灌木。小枝黄褐色，老枝灰褐色，皮剥裂。叶对生；叶片卵形、狭卵形或菱状卵形，中脉上具白色长柔毛，边缘具细密锯齿。花序伞房状，具多花；萼片 5，白色。蒴果近球形。花期 5—6 月，果期 7—8 月。生于沟边、林缘。观赏。见于山涧口、金河沟、上寺等地。

大花溲疏 *Deutzia grandiflora* Bge. 溲疏属

落叶灌木。小枝灰褐色，老枝灰色。叶对生；叶片卵形，边缘有密而细的小锯齿，背面灰白色。聚伞花序，具花 1 ～ 3 朵；萼筒密生星状毛，裂片 5；花瓣 5，白色。蒴果半球形，具宿存花柱。花期 4—5 月。生于山谷、路旁石崖上或灌木丛中。庭园绿化。见于杨家坪西河槽、山涧口、金河沟等地。

东陵绣球 *Hydrangea bretschneideri* Dipp. 八仙花属

落叶灌木。二年生枝栗褐色，呈长片状剥落。叶对生，长卵形、椭圆状卵形或长椭圆形。伞房花序顶生，有大型萼片 4，白色、淡紫色或淡黄色，花瓣状；两性花淡白色。蒴果近卵形。花期 6—7 月，果期 8—9 月。生长于海拔 1200 ～ 2000m 的山坡或林缘。观赏。见于山涧口、金河口阔叶林带。

刺果茶藨子 *Ribes burejense* Fr. Schmidt 茶藨子属

落叶灌木。老枝灰褐色，剥裂，小枝黄灰色，密生长短不等的各种细刺。叶轮廓圆形或宽卵形，掌状 3 ～ 5 深裂。花两性，蔷薇色，大型；花瓣 5，菱形。浆果绿色，具黄褐色长刺。花期 5—6 月，果期 7—8 月。生于山地溪流边或林中。果可食。见于山涧口、赤崖堡、金河沟。

东北茶藨子 *Ribes mandshuricum* (Maxim.) Kom. 茶藨子属

落叶灌木。枝灰褐色，剥裂。叶掌状 3 裂，边缘有尖锐齿牙，密生白色绒毛。总状花序，具密毛，初时直立，后下垂；萼筒短钟状；萼裂片 5，反卷；花瓣 5，楔形，绿黄色。浆果球形，红色。花期 5—6 月，果期 7—8 月。生长于海拔 1500 ～ 2000m 的山坡杂木林中或山谷林下。果可食。见于山涧口。

三裂绣线菊 *Spiraea trilobata* L. 绣线菊属

落叶灌木。小枝稍呈之字形弯曲，幼时黄褐色，老时暗灰色。叶片近圆形，先端3裂，背面灰绿色。伞形花序具多朵花；花瓣白色，宽倒卵形。果沿腹缝被短柔毛，萼片直立。花期5—6月，果期7—8月。生于向阳山坡或灌木丛中。见于山涧口，金河口郑家沟，章家窑，杨家坪北沟。

土庄绣线菊 *Spiraea pubescens* Turcz. 绣线菊属

落叶灌木。小枝褐黄色，老枝灰褐色。叶片边缘自中部以上具深刻锯齿。伞形花序；萼片直立，萼裂片卵状三角形；花瓣白色。果开张，花柱顶生。花期5—6月，果期7—8月。生于干燥岩石坡地杂木林内。见于山涧口、金河口、杨家坪北沟。

华北珍珠梅 *Sorbaria kirilowii* (Regel) Maxim. 珍珠梅属

落叶灌木。奇数羽状复叶，小叶 13 ～ 17，无柄，披针形，边缘具尖锐重锯齿；托叶线状披针形。大型圆锥花序；苞片线状披针形，边缘有腺毛；萼片半圆形，宿存，反折；花白色。果长圆形。花期 5—9 月，果期 8—9 月。生于山坡阳处及杂木林中。观赏。见于杨家坪、山涧口。

全缘栒子 *Cotoneaster integerrimus* Medic. 栒子属

落叶灌木。叶片卵圆形至长圆形，全缘，上面光滑，下面密被白色绒毛；叶柄长 2 ～ 5mm，有毛。聚伞花序有花 2 ～ 5 朵，下垂；萼筒钟状，萼片三角卵形；花瓣粉红色。果实近球形，红色，常具 2 小核。花期 5—6 月，果期 8—9 月。生于沟谷、山坡杂木林中。观赏。见于山涧口、金河口次生灌木丛带。

山楂 *Crataegus pinnatifida* Bge. 山楂属

落叶乔木。小枝紫褐色，老枝灰褐色，有刺。叶片三角状卵形，有 3 ～ 5 对羽状深裂片，边缘具不规则的重锯齿。伞房花序；萼筒钟状；花瓣白色。果实深红色，有浅色斑点。花期 5—6 月，果期 9—10 月。野生于山坡上或栽培。果可食；果干后可入药；幼苗可作砧木。见于山涧口、金河口。

北京花楸 *Sorbus discolor* (Maxim.) Maxim. 花楸属

落叶乔木。奇数羽状复叶，小叶 5 ～ 7 对，长圆形、长圆椭圆形至长圆披针形，中下部有细锐锯齿；托叶宿存，草质。复伞房花序；花瓣白色。果实卵形，白色或黄色，先端具宿存的闭合萼片。花期 5 月，果期 8—9 月。生于山坡杂木林中。见于金河口、汤音寺。

百花花楸 *Sorbus pohuashanensis* (Hance) Hedl. 花楸属

落叶乔木。小枝灰褐色。奇数羽状复叶，小叶 5 ～ 7 对，卵状披针形；托叶有粗大的锯齿。复伞房花序；萼筒钟状；花瓣白色。果实红色或橘红色，具有宿存的闭合萼片。花期 6 月，果期 9—10 月。生于山坡和山谷的杂木林中。庭园观赏。见于山涧口、金河口、南台等地。

山荆子 *Malus baccata* (L.) Borkh. 苹果属

落叶乔木。幼枝红褐色。叶椭圆形或卵形，边缘具细锯齿。伞形花序具 4 ～ 6 朵花，集生于小枝顶端；花瓣白色。果实红色或黄色，萼片脱落。生于山坡杂木林中及山谷灌木丛中。用作苹果的砧木。见于金河口、杨家坪北沟。

美蔷薇 *Rosa bella* Rehd. et Wils. 蔷薇属

落叶灌木。小枝散生细直的皮刺。奇数羽状复叶，小叶 7 ～ 9，边缘有尖锐锯齿；托叶与叶柄连生。花单生或 2 或 3 朵聚生，芳香；花瓣粉红色。蔷薇果深红色。花期 5—7 月，果期 8—9 月。生长于海拔 1400 ～ 1800m 的山坡、林缘。花提取精油及栽培供观赏。见于山涧口、赤崖堡、金河口章家窑及亚高山阔叶林带。

刺玫蔷薇 *Rosa davurica* Pall. 蔷薇属

落叶直立灌木。小枝及叶柄基部常有成对微弯皮刺，刺基部膨大，并密生刺毛。奇数羽状复叶，小叶 7 ～ 9；托叶与叶柄连生。花单生或数朵聚生；花瓣粉红色。蔷薇果球形或卵形。花期 6—7 月，果期 8—9 月。生于山坡灌木丛、草丛、杂木林中。果实酿酒；种子榨油；根、茎皮及叶可提取栲胶。见于金河口郑家沟、山涧口。

黄刺玫 *Rosa xanthina* Lindl. 蔷薇属

落叶灌木。小枝紫褐色，散生直皮刺。奇数羽状复叶，小叶 7～13，宽卵形，边缘钝锯齿；托叶中部以下与叶柄连生。花单生；萼片披针形；花瓣黄色，先端微凹。蔷薇果红褐色，萼宿存。花期 5—7 月，果期 7—9 月。生长于海拔 1200m 左右的山坡。果可食。见于山涧口。

龙牙草 *Agrimonia pilosa* Ledeb. 龙牙草属

多年生草本。奇数羽状复叶；小叶 3～5 对，无柄，每侧各有粗齿 5～11。总状花序顶生；萼筒上有一圈钩状刺毛；花瓣黄色。瘦果包于宿存萼筒内。花期 6—9 月，果期 8—10 月。生长于海拔 1300～1800m 的山坡、山谷、草丛、水边、路边、阴湿地。地上部入药。见于山涧口，金河口郑家沟、金河沟，杨家坪西河槽。

地榆 *Sanguisorba officinalis* L. 地榆属

多年生草本。奇数羽状复叶，小叶 2 ～ 5 对，长椭圆形，边缘有尖锯齿。穗状花序顶生；萼片 4，暗紫红色，花瓣状。瘦果褐色，包于宿萼内。花期 6—7 月，果期 8—9 月。生长于海拔 1000 ～ 2300m 的山坡、山沟、草丛、灌木丛、林缘、河谷滩。根入药。广布于小五台山各地。

蚊子草 *Filipendula palmata* (Pall.) Maxim. 蚊子草属

多年生草本。奇数羽状复叶，基生叶与茎下部叶有长柄，小叶 5，掌状深裂；上部茎生叶柄短，有小叶 1 ～ 3，掌状深裂。圆锥花序顶生；花瓣 5，白色。瘦果镰刀形。花期 6—7 月，果期 7—9 月。生长于海拔 1400 ～ 1600m 的林缘、沟边、山坡草丛、水草甸子沟边。全株含单宁，可提取栲胶。见于山涧口。

牛叠肚 *Rubus crataegifolius* Bge. 悬钩子属

落叶灌木。小枝红褐色，有棱，皮刺钩状。单叶互生，宽卵形至近圆形，3 ～ 5 掌状浅裂或中裂。花 2 ～ 6 朵聚生枝顶成短伞房花序；花瓣白色。聚合果红色。花期 5—7 月，果期 7—9 月。生长于海拔 1200 ～ 1500m 的山坡、山谷、林缘、灌木丛、水边。见于金河沟、杨家坪北沟。

库页悬钩子 *Rubus sachalinensis* Levl. 悬钩子属

落叶灌木。枝黄色或暗红色，密生腺毛和直生皮刺。奇数羽状复叶，小叶 3 ～ 5，叶柄有毛和刺；小叶正面绿色，背面密生白色或灰色绒毛。花 1 ～ 5 朵组成总状花序；花瓣白色。聚合果红色。花期 6—7 月，果期 8—9 月。生长于海拔 1200 ～ 1400m 的山坡、路边、草丛、灌木丛、河边、潮湿地。果甜可食，可制果酱；茎、叶可提取栲胶。见于金河沟。

石生悬钩子 *Rubus saxatilis* L. 悬钩子属

多年生草本。茎有短柔毛和小针状皮刺。奇数羽状复叶，小叶 3，菱状卵圆形，边缘有缺刻状粗重锯齿。总状花序，花 3 ～ 10 朵；花瓣白色。聚合果有小核果 2 ～ 5 个，红色。花期 5—7 月，果期 7—8 月。生长于海拔 2400m 左右的山坡、山顶、草甸、草丛、灌木丛、林缘、林下。见于山涧口、金河沟、西台阔叶林下。

水杨梅 *Geum aleppicum* Jacq. 水杨梅属

多年生草木。基生叶丛生，奇数羽状复叶，小叶 7 ～ 13；茎生叶互生，小叶 3 ～ 5，3 浅裂或羽状分裂；花单生或 3 朵成伞房状；花瓣 5，黄色。瘦果长椭圆形。花期 5—8 月，果期 7—9 月。生长于海拔 800 ～ 1600m 的洼地水边、湿地、阴坡、林缘、草丛。全草入药。见于金河沟、郑家沟，杨家坪西河槽，山涧口。

东方草莓 *Fragaria orientalis* Losina-Lozinsk 草莓属

多年生草本。全株密生长柔毛，匍匐茎细长。三出复叶基生；小叶卵形，近中部以上有粗圆锯齿；正面绿色，背面灰白色。聚伞花序；花瓣白色，5片。瘦果聚生于肉质花托上。花期6月，果期8月。生长于海拔900～2100m的山坡、林内或林缘。果可食。见于山涧口、西台、南台等地的阔叶林下。

蛇莓 *Duchesnea indica* (Andr.) Focke 蛇莓属

多年生草本。有长匍匐茎，全体被白色绢毛。三出复叶；小叶卵圆形，边缘有钝圆锯齿。花单生；花瓣5，黄色。瘦果扁圆形，聚合果暗红色。花期4—7月，果期5—10月。生长于海拔900～1700m的山坡阴湿处、水边、田边、沟边、草丛和林中。见于山涧口、金河口郑家沟。

银露梅 *Potentilla glabra* Lodd. 委陵菜属

落叶小灌木。枝外倾，树皮灰褐色。奇数羽状复叶，小叶 3 ～ 5。花单生，稀 2 花成伞形花序；花瓣白色，长为萼片的 2 倍。果实有毛。花期 6—8 月，果期 9 月。生长于海拔 1600 ～ 2400m 的高山草甸、山坡、杂木林下。见于西台阔叶林带林下及林草交错带。

金露梅 *Potentilla fruticosa* L. 委陵菜属

落叶灌木。树皮长条状剥落，小枝红褐色。奇数羽状复叶，小叶 3 ～ 7；叶柄短。花单生枝顶或数朵成伞房状；花瓣黄色，倒卵圆形。瘦果卵圆形，紫褐色。花期 6—7 月，果期 8—9 月。生长于海拔 2300m 以上的亚高山草甸。见于东台、西台亚高山草甸。

匍枝委陵菜 *Potentilla flagellaris* Willd. ex Schlecht. 委陵菜属

多年生草本。有细匍匐茎。掌状复叶，小叶 3 ～ 5，基生叶柄长，茎生叶柄短；小叶菱状倒卵圆形，不整齐深裂锯齿。花单生叶腋；花瓣黄色。瘦果长圆状卵圆形。花期 5—7 月，果期 7—9 月。生长于海拔 800 ～ 1600m 的山坡、水沟边、河岸草地、路边阳处、草丛、潮湿地。见于金河口郑家沟。

朝天委陵菜 *Potentilla supina* L. 委陵菜属

一年生或二年生草本。奇数羽状复叶，小叶 5 ～ 11；基生叶和茎下部叶有长柄，茎生叶有短柄；小叶倒卵圆形，无柄，边缘有深圆钝锯齿。花单生叶腋；花瓣淡黄色。瘦果卵圆形。花期 5—9 月，果期 6—10 月。生长于海拔 1200m 左右的农田地埂、路旁、沟边草地、潮湿地、平地、山坡。见于金河口章家窑。

鹅绒委陵菜 *Potentilla anserina* L. 委陵菜属

多年生草本。匍匐茎细，节上生根。奇数羽状复叶，小叶 15 ～ 19，叶下有紧贴的丝状柔毛。花单生叶腋；花瓣黄色。瘦果近肾形。花期 5—8 月，果期 6—9 月。生长于海拔 1400m 以下的山地阴坡、草丛、水边湿地、路边、林缘。全株可提取栲胶；嫩茎为家畜饲料；茎、叶提取黄色染料。见于金河口郑家沟、金河沟、章家窑；山涧口；杨家坪。

疏毛钩叶委陵菜 *Potentilla ancistrifolia* Bge. var. *dickinsii* (Franch. et Sav.) Koidz. 委陵菜属

多年生草本。奇数羽状复叶，基生叶有小叶 2 对。聚伞花序顶生或腋生，少花；花瓣黄色，倒卵形。成熟瘦果光滑或有不明显的脉纹。花期 5—8 月，果期 7—9 月。生长于海拔 1200 ～ 1600m 的山坡、石缝、路旁、阴湿处。见于金河沟、山涧口、辉川等地。

莓叶委陵菜 *Potentilla fragarioides* L. 委陵菜属

多年生草本。根状茎分支多。奇数羽状复叶；基生叶有小叶 5 ～ 9；茎生叶常 3 片小叶；小叶正面暗绿色，背面色淡。伞房状聚伞花序顶生，多花；花瓣黄色。瘦果黄白色。花期 5—7 月，果期 7—9 月。生长于海拔 1300 ～ 1600m 的山坡、路旁、荒地边、草丛、灌木丛、阴坡林下。见于山涧口、金河口。

多茎委陵菜 *Potentilla multicaulis* Bge. 委陵菜属

多年生草本。奇数羽状复叶，基生叶有小叶 11 ～ 15；茎生叶有小叶 3 ～ 9；小叶长圆形，无柄，边缘深裂；叶上面暗绿色，疏生细柔毛，下面密生灰白色绒毛。聚伞花序，常有花 3 ～ 5 朵；花瓣黄色，先端微凹，比萼片长。瘦果表面有皱纹。花期 5—7 月，果期 6—9 月。生长于海拔 1300m 左右的山坡瘠地、草丛、河滩草丛。见于金河口章家窑。

轮叶委陵菜 *Potentilla verticillaris* Steph. ex Willd. 委陵菜属

多年生草本。全株密生灰白色短绒毛。基生叶有小叶 9 ～ 13，轮生，无柄，线形；茎生叶有小叶 1 ～ 3。聚伞花序顶生；花瓣黄色。瘦果卵状肾形。花期 5—6 月，果期 7—9 月。生长于海拔 1200 ～ 1400m 的山坡、路旁、草地、干旱地、河滩边。见于山涧口、金河口郑家沟。

二裂叶委陵菜 *Potentilla bifurca* L. 委陵菜属

多年生草本。根状茎木质化，枝密生紧贴长柔毛。奇数羽状复叶，基生叶有小叶 5 ～ 13，小叶倒卵状椭圆形，全缘；侧生小叶先端常 2 裂；顶生小叶先端常 3 裂。聚伞花序顶生；花瓣黄色。瘦果褐色。花期 6—8 月，果期 8—10 月。生长于海拔 900 ～ 1400m 的山地阳坡、路旁、水边。见于金河口章家窑、山涧口、辉川。

菊叶委陵菜 *Potentilla tanacetifolia* Willd. 委陵菜属

多年生草本。根状茎木质化。茎、叶柄和花序轴均密生柔毛。奇数羽状复叶；基生叶小叶7～15；茎生叶小叶3～9。顶生伞房状聚伞花序；花瓣黄色。瘦果褐色。花期5—6月，果期7—9月。生长于海拔1200～1500m的山坡、水沟边、林缘草地、平原草丛。见于金河口郑家沟、章家窑。

腺毛委陵菜 *Potentilla longifolia* Willd. ex Schlecht. 委陵菜属

多年生草本。全株有长柔毛和弯曲黏腺毛。奇数羽状复叶；基生叶有小叶9～11；茎生叶有小叶3～7。顶生伞房状聚伞花序，多花；花瓣黄色。瘦果卵形。花期5—8月，果期8—9月。生长于海拔1200m左右的山坡、荒地。见于金河沟。

多齿雪白委陵菜 *Potentilla nivea* L. var. *elongata* Wolf 委陵菜属

多年生草本。茎、总花梗密生白色绒毛。三出复叶，小叶卵形，背面密被灰白色绒毛。聚伞花序顶生；花瓣黄色，比萼片长。瘦果卵形。花期5—7月，果期7—8月。生长于海拔1300～2600m的高山草甸、山坡草地及沼泽地边缘。见于东台、西台、南台、中台的亚高山草甸。

地蔷薇 *Chamaerhodos erecta* (L.) Bge. 地蔷薇属

多年生草本。基生叶3深裂，裂片又3～5深裂，小裂片裂成线状细裂片；茎生叶羽状深裂；托叶3深裂。聚伞状圆锥花序；花萼内面密生白色长柔毛；花瓣粉红色或白色。瘦果黑色。花期5—8月，果期7—9月。生长于海拔1800m左右的山坡、路旁、河谷沙地、阳坡草地、溪边、河滩。见于金河口郑家沟、辉川山坡草地。

杏 *Prunus armeniaca* L. 李属

落叶乔木。小枝褐色或红紫色。叶卵圆形，先端微尖，边缘钝锯齿；叶柄近顶端处有2腺体。花单生，先叶开放；萼筒圆筒形，紫红绿色；花瓣白色或浅粉红色。核果球形，黄白色至黄红色，常具红晕。花期4月，果期6—7月。各地普遍栽培。花可观赏；果可食；种子入药。见于小五台山农田果林带栽培。

山杏 *Prunus sibirica* L. 李属

落叶小乔木或灌木。小枝灰褐色或淡红褐色。叶卵圆形，先端长尾尖，边缘具细锯齿。花单生；萼筒圆筒形；花瓣白色或粉红色。核果球形，黄色，具红晕；果皮薄而干燥，成熟时开裂。花期3—5月，果期7—8月。生长于海拔1400m左右的向阳坡地。可作杏的砧木；种子入药、榨油、供食用。见于杨家坪周边山坡、山涧口沟口、金河口次生灌木丛带。

山桃 *Prunus davidiana* (Carr.) Franch. 李属

落叶乔木。树皮暗紫色。叶卵状披针形，边缘具细锐锯齿。花单生，先叶开放，近无梗；萼筒钟形；花瓣白色或浅粉红色；子房被毛。核果球形，有沟，具毛。花期3—4月，果期7月。生长于海拔1400m左右的向阳坡地或林缘。观赏；幼苗作砧木以嫁接桃；种子入药。见于金河口次生灌木丛带、杨家坪辛庄梁、山涧口。

榆叶梅 *Prunus triloba* Lindl. 李属

落叶灌木。叶宽卵形，常3裂，边缘具粗重锯齿。花1或2，先叶开放；萼筒宽钟形，萼片有细锯齿；花瓣粉红色。核果近球形，红色，被毛，成熟时开裂。花期3—4月，果期5—6月。生长于海拔1300～1500m的山坡、林缘。观赏。见于山涧口、金河口次生灌木丛带。

欧李 *Prunus humilis* Bge. 李属

落叶灌木。叶长圆倒卵形至长圆披针形，边缘具细锯齿；叶柄极短。花1或2，与叶同时开放；萼筒钟状；花瓣淡红色。核果近球形，鲜红色。花期5月，果期7—8月。生长于海拔800～1400m的干燥坡地或灌木丛中。种子入药。见于山涧口、金河口农田果林带。

稠李 *Prunus padus* L. 李属

落叶乔木。叶片椭圆形、卵圆形至倒卵圆形，边缘有尖锐锯齿；叶柄近顶端处常有2腺体。总状花序疏松下垂，后于叶开放；萼筒杯状；花瓣白色；子房常无毛。核果球形或卵球形，黑色。花期5—6月，果期7—9月。生于杂木林中。见于山涧口。

合欢 *Albizia julibrissin* Durazz. 合欢属

落叶乔木。二回羽状复叶，小叶 10 ～ 30 对，有夜合现象；头状花序多数，生于新枝顶端，成伞房状排列；花粉红色；萼 5 裂，钟形，花冠管长为萼管的 2 ～ 3 倍，淡黄色，漏斗状。荚果扁平。花期 6—7 月，果期 8—10 月。栽培植物，山谷、平原偶见有自然生长。树皮及花蕾入药。见于金河口、杨家坪等地附近村舍栽培。

槐树 *Sophora japonica* L. 槐属

落叶乔木。奇数羽状复叶；叶柄基部膨大；小叶 7 ～ 17，卵状长圆形，背面灰白色。顶生圆锥花序；萼钟状，裂齿 5；花黄白色，旗瓣具短爪，有紫脉。荚果念珠状，肉质，先端有细尖喙状物。花期 7—9 月，果期 10 月。喜生于肥厚的土壤上。为庭园、行道优良树种；蜜源植物；花、果均可入药。见于金河口、杨家坪等地附近村舍栽培。

苦参 *Sophora flavescens* Ait. 槐属

亚灌木或多年生草本。奇数羽状复叶；小叶 15 ～ 29。总状花序顶生；花淡黄白色，萼钟形；旗瓣匙形，翼瓣无耳。荚果线形，种子间有缢缩，呈不明显的念珠状，先端长喙状。花期6月，果期8—9月。生长于海拔 800 ～ 1300m 的田埂、荒地、林间空地。根入药。见于金河口章家窑及附近次生灌木丛坡地，杨家坪北沟。

披针叶黄华 *Thermopsis lanceolata* R. Br. 黄华属

多年生草本。掌状三出复叶，互生；托叶抱茎；小叶倒披针形至长圆形。花黄色，轮生，每轮 2 或 3 朵；萼筒钟形；旗瓣基部渐狭成爪。荚果扁平。花期 5—6 月，果期 7—8 月。生长于海拔 1500m 以下的草地、田边、路旁。见于山涧口、金河口章家窑。

扁蓿豆 *Melissitus ruthenicus* (L.) C. W. Chang 扁蓿豆属

多年生草本。三出复叶；小叶中脉延伸成小尖头，中部以上有锯齿。总状花序有花3～8朵，花黄色带紫色；萼钟状。荚果扁平，顶端有弯曲的短而尖的喙，含2～4粒种子。花期7—8月，果期8—9月。生长于海拔1800m以下的沙质草地、山坡荒地。嫩茎、叶可作家畜饲料。见于金河口章家窑、郑家沟，杨家坪分沟。

紫苜蓿 *Medicago sativa* L. 苜蓿属

多年生草本。三出羽状复叶；叶缘上部有锯齿。总状花序腋生，花较密集，近头状；花冠蓝紫色或紫色，长于花萼。荚果螺旋形，先端有喙。花果期5—8月。生长于海拔1300m以下的田边、荒地、路旁。优良的饲料和牧草，也可作绿肥。见于金河口章家窑、郑家沟，山涧口。

天蓝苜蓿 *Medicago lupulina* L. 苜蓿属

一年生或二年生草本。三出羽状复叶；叶缘上部有锯齿。总状花序，腋生，花 10 ～ 20，密集成头状；花冠黄色，稍长于花萼；花柱弯曲，稍呈钩状。荚果肾形。花期 7—9 月，果期 8—10 月。生长于海拔 1700m 左右的田边、路旁、林缘草地。可作牧草及绿肥。见于金河口郑家沟、山涧口。

白香草木樨 *Melilotus albus* Desr. 草木樨属

一年生或二年生草本。有香气。三出羽状复叶，小叶边缘有疏锯齿。总状花序腋生；花冠白色，旗瓣比翼瓣长；子房无柄。荚果椭圆形，内含种子 1 或 2 粒。花果期 6—8 月。生长于海拔 1300m 以下的田边、路旁及山沟草丛。优良的牧草和饲料，也可作绿肥及护地作物。见于山涧口、赤崖堡、金河口郑家沟等地。

黄香草木樨 *Melilotus officinalis* (L.) Desr. 草木樨属

一年生或二年生草本。有香气。茎直立。三出羽状复叶，边缘具疏齿。总状花序腋生；花萼钟状，萼齿三角形；花冠黄色，旗瓣与翼瓣近等长。荚果椭圆形，网脉明显。花期6—8月，果期8—10月。生长于海拔1300m以下的路边宅旁、山坡荒地。优良的牧草和饲料，也可作绿肥及蜜源植物。见于金河沟、郑家沟、章家窑，杨家坪西河槽。

野火球 *Trifolium lupinaster* L. 车轴草属

多年生草本。数茎丛生，茎略成四棱形。掌状复叶，小叶常5枚，长圆形，边缘有细锯齿；托叶膜质鞘状抱茎，具脉纹。总状花序球状；花萼钟状；花冠淡红色或红紫色。荚果线状长圆形。花果期6—10月。生长于海拔1600m以下的山坡草地、沟边湿地和林间空地。饲料或绿肥。见于山涧口。

紫穗槐 *Amorpha fruticosa* L. 紫穗槐属

落叶灌木。奇数羽状复叶；小叶 9 ～ 25，椭圆形，全缘，有透明腺点。顶生圆锥状总状花序，花冠蓝紫色。荚果扁，稍弯曲，含 1 粒种子，不开裂，果皮上有腺点。花期 5—6 月，果期 8—10 月。生长于海拔 1200m 左右的山坡。河北各地均有栽培，绿化植物。见于金河口章家窑、山涧口。

刺槐 *Robinia pseudoacacia* L. 刺槐属

落叶乔木。树皮褐色，有深沟。小叶 7 ～ 25，椭圆形，全缘。总状花序腋生；花萼杯状，浅裂；花白色，芳香；旗瓣具爪，基部常有黄色斑点。荚果扁平，线状长圆形。花期 5 月，果期 9—10 月。生长于海拔 1200m 左右的田间、地埂及农舍周边。各地广泛栽培。行道树；木质坚硬可做枕木、农具；花可食；种子油为肥皂及油漆原料。见于金河口农田果林带栽培。

狭叶米口袋

Gueldenstaedtia stenophylla Bge.

米口袋属

多年生草本。地上茎很短，全株有白色柔毛。奇数羽状复叶，丛生于短茎的上端；小叶7～19，全缘，两面密生白色柔毛。总花梗数条，伞形花序有花2或3枚；花冠淡紫色。荚果圆柱形。花期4—5月，果期5—7月。生长于海拔900～1200m的河滩沙质地、阳坡草地、田边、路旁。见于杨家坪、金河口农田果林带。

米口袋

Gueldenstaedtia multiflora Bge.

米口袋属

多年生草本。根圆锥状，茎缩短，全株有白色柔毛。奇数羽状复叶，丛生于茎的顶端；小叶9～12，两面密生白色柔毛。伞形花序总梗由叶丛中抽出，顶端有花6～8朵；花冠紫红色或蓝紫色。荚果圆柱形。花期4—5月，果期5—6月。生长于海拔900～1200m的山坡、草地、田边、路旁。见于山涧口、金河口郑家沟、杨家坪。

狭叶锦鸡儿 *Caragana stenophylla* Pojark. 锦鸡儿属

矮灌木。枝具纵棱，长枝上的托叶宿存并硬化成针刺。小叶 4，假掌状排列，条状披针形。花单生；花冠黄色。荚果圆筒形，两端渐尖。花期 4—6 月，果期 6—10 月。生长于海拔 1200 ～ 1500m 的山坡、石坡或干燥坡地。见于金河口章家窑。

红花锦鸡儿 *Caragana rosea* Turcz. 锦鸡儿属

直立灌木。长枝上的托叶宿存并硬化成针刺状，短枝上的托叶脱落。小叶 4，假掌状排列。花单生；花冠黄褐色或淡红色，龙骨瓣白色，凋谢时变为红紫色；翼瓣具爪和短耳。荚果圆筒形，褐色。花期 5—6 月，果期 7—8 月。生长于海拔 1200 ～ 1400m 的山坡灌木丛及山地沟谷灌木丛中。见于山涧口、杨家坪、金河口章家窑。

鬼箭锦鸡儿 *Caragana jubata* (Pall.) Poir. 锦鸡儿属

直立或伏地灌木。茎多刺。叶轴全部宿存并硬化成刺，叶密集于枝的上部；小叶 4 ～ 6 对，羽状排列，先端有针尖。花单生，花冠淡红色或近白色。荚果长椭圆形，密生丝状长柔毛。花期 7—8 月，果期 8—9 月。生长于海拔 2000m 左右的阳坡、灌木丛及荒地。茎纤维可制绳索和麻袋。见于杨家坪北沟。

糙叶黄耆 *Astragalus scaberrimus* Bge. 黄耆属

多年生草本。茎矮小，匍匐生，全株密生白色丁字毛。奇数羽状复叶，小叶 7 ～ 15，两面密被白色平伏的丁字毛。总状花序，花 3 ～ 5 朵，白色或淡黄色；旗瓣有短爪。荚果圆筒形，有短而直的喙。花期 5—8 月，果期 7—9 月。生长于海拔 1200m 以下的山坡、路旁及荒地上。可作牧草及水土保持植物。见于山涧口、金河口章家窑。

灰叶黄耆

Astragalus discolor Bge. ex Maxim.

黄耆属

多年生草本。奇数羽状复叶，小叶 15 ～ 25，长圆形，两面有白色平伏的丁字毛；托叶狭三角形。总花梗比叶长，花 8 ～ 15 朵；花蓝紫色；花萼筒状钟形；旗瓣顶端深凹，翼瓣顶端成不均等的 2 裂。荚果筒状，顶端有短喙。花期 7—8 月，果期 8—9 月。生长于海拔 1200 ～ 1600m 的干旱山坡、林缘。见于金河口次生灌木丛带的干旱向阳山坡。

直立黄耆

Astragalus adsurgens Pall.

黄耆属

多年生草本。茎被白色丁字毛。奇数羽状复叶，小叶 7 ～ 23。总状花序腋生；花蓝紫色或紫红色；旗瓣无爪。荚果圆筒形，被黑色丁字毛。花期 6—8 月，果期 8—10 月。生长于海拔 1300 ～ 1700m 的山坡、草地、沟边。可作牧草及绿肥；也有固沙、保土作用。见于山涧口、金河沟。

膜荚黄耆 *Astragalus membranaceus* (Fisch.) Bge. 黄耆属

多年生草本。茎有长柔毛。奇数羽状复叶；小叶21～31，两面有白色长柔毛。总状花序腋生；花冠白色，旗瓣无爪，翼瓣、龙骨瓣有长爪。荚果膜质，膨胀，卵状长圆形。花期6—8月，果期8—9月。生长于海拔1600～2000m的向阳山坡。根入药。见于山涧口、金河沟。

草木樨状黄耆 *Astragalus melilotoides* Pall. 黄耆属

多年生草本。奇数羽状复叶，小叶3～5，两面被白色短柔毛。总状花序腋生，花冠粉红色或白色；翼瓣顶端成不均等的2裂。荚果近圆形，具短喙。花期7—8月，果期8—9月。生长于海拔1600m以下的山坡、草地、沟旁。为优良牧草及固沙保土植物。见于金河口郑家沟、杨家坪北沟。

毛细柄黄耆 *Astragalus capillipes* Fisch. ex Bge. 黄耆属

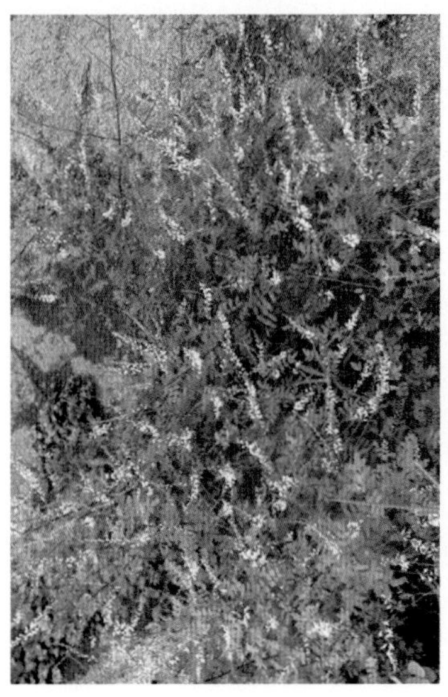

多年生草本。奇数羽状复叶；小叶 5 ～ 9，先端有细尖。总状花序腋生，比叶长；花冠淡紫红色，疏松；旗瓣具短爪，翼瓣和旗瓣近等长，龙骨瓣较短。荚果近球形。花期 7—9 月，果期 9—10 月。生长于海拔 1200 ～ 1500m 的山坡草地。见于山涧口；金河口章家窑、金河沟、郑家沟。

达乌里黄耆 *Astragalus dahuricus* (Pall.) DC. 黄耆属

多年生草本。全株有长柔毛。奇数羽状复叶；小叶 11 ～ 25，两面有白色长柔毛；总状花序腋生，花多而密。荚果圆筒状，先端有硬尖。花期 7—9 月，果期 8—10 月。生长于海拔 1300m 以下的向阳山坡、河岸沙地及草地、草甸上。可作牧草。见于金河沟，杨家坪辛庄梁。

边向花黄耆 *Astragalus moellendorffii* Bge. 黄耆属

多年生草本。奇数羽状复叶，小叶 5 ～ 9，背面被长硬毛。总状花序顶生叶腋间，花 7 ～ 18 朵偏向一边；花冠紫色。荚果卵状披针形，无隔膜。花期 6—7 月，果期 8—9 月。生长于海拔 1600 ～ 2600m 的草甸阳坡。见于山涧口、金河口、赤崖堡等地的阔叶林下或亚高山草甸。

皱黄耆 *Astragalus tataricus* Franch. 黄耆属

多年生草本。茎有条棱，常自基部分支，形成密丛，被白色单毛。奇数羽状复叶，小叶 13 ～ 21，背面密生白色柔毛。短总状花序腋生，花 5 ～ 12 朵；花冠淡蓝色。荚果顶端有短喙，密被淡黄色短柔毛。花期 6—7 月，果期 7—8 月。生于草原及草甸草原。见于金河沟。

扁茎黄耆 *Astragalus complanatus* R. Br. ex Bge. 黄耆属

多年生草本。羽状复叶，小叶 9～25，椭圆形，背面有白色短柔毛。总状花序腋生，花 3～7 朵；花冠乳白色或带紫色，旗瓣基部有短爪，翼瓣稍短，龙骨瓣与旗瓣等长。荚果纺锤形，先端有喙。花期 7—9 月，果期 8—10 月。生长于海拔 1200m 以下向阳草地、山坡、路边。种子入药。见于山涧口、金河口章家窑附近山坡。

黄毛棘豆 *Oxytropis ochrantha* Turcz. 棘豆属

多年生草本。茎极短，全株有土黄色长柔毛。奇数羽状复叶；小叶 8 或 9 对，对生或 4 片轮生。花白色或黄色，排成紧密的总状花序；龙骨瓣先端具喙。荚果卵形，膨胀。花期 6—7 月，果期 7—8 月。生长于海拔 1200～1600m 的山坡、干河沟沙地、山谷或林中。见于山涧口、金河口郑家沟。

狐尾藻棘豆 *Oxytropis myriophylla* (Pall.) DC. 棘豆属

多年生草本。无地上茎，全株被白色或黄白色长柔毛。轮生小叶 25 ～ 32 轮，每轮小叶 4 ～ 10，小叶线状披针形。总状花序具 10 多朵花，花淡红紫色；龙骨瓣顶端具喙。荚果先端具长喙。花期 6—7 月，果期 7—9 月。生于山坡草地或沙地。见于金河口郑家沟、金河沟。

硬毛棘豆 *Oxytropis hirta* Bge. 棘豆属

多年生草本。茎极短，全株被长硬毛。叶基生，奇数羽状复叶；小叶 4 ～ 9 对。总状花序长穗状，花多而密；花淡紫色或白色，干后变为淡黄色或污紫色；龙骨瓣先端具喙。荚果藏于萼内，顶端有短喙。花期 5—7 月，果期 7—8 月。生长于海拔 1200m 左右的山坡、田埂、荒地。见于金河口郑家沟、章家窑，杨家坪管理区附近道边。

蓝花棘豆

Oxytropis caerulea (Pall.) DC.

棘豆属

多年生草本。茎极短缩，常分支形成密丛。奇数羽状复叶；小叶 17 ～ 41，对生。花多数，排成延长的总状花序；花蓝紫色或紫红色；旗瓣有短爪，龙骨瓣顶端具喙。荚果长圆状卵形，膨胀。花期 6—7 月，果期 7—8 月。生长于海拔 1200 ～ 1600m 的山坡、路旁、草地。见于金河口郑家沟、金河沟，杨家坪分沟。

球花棘豆

Oxytropis strobilacea Bge.

棘豆属

多年生草本。茎极短。奇数羽状复叶；小叶 15 ～ 17，两面被黄色长柔毛。总花梗生于根生叶的叶腋；总状花序近球状，具花 10 余朵；花冠紫色；龙骨瓣先端有喙。荚果卵状披针形，膨胀，有喙。花期 6—7 月，果期 9 月。生长于海拔 2200m 左右的山坡阳处、山顶。见于西台亚高山草甸。

甘草 *Glycyrrhiza uralensis* Fisch. 甘草属

多年生草本。根茎粗壮。奇数羽状复叶；小叶 7 ～ 17，卵形。总状花序密集，腋生；花冠蓝紫色或紫红色。荚果条状长圆形，弯曲成镰刀状或环形。花期 7—8 月，果期 8—9 月。生长于海拔 1300m 以下的向阳干燥山坡、草地、田边、路旁。根入药。见于金河口章家窑及附近土质山坡。

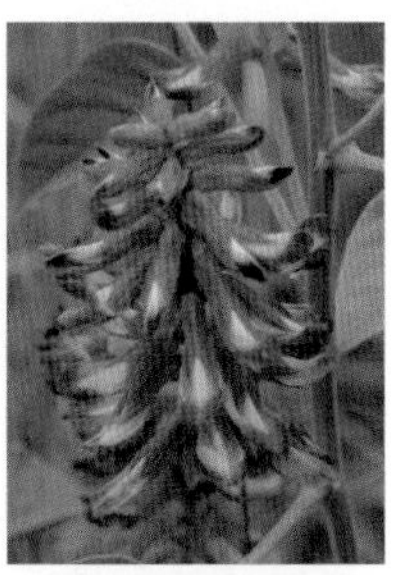

蒙古岩黄耆 *Hedysarum mongolicum* Turcz. 岩黄耆属

半灌木或小灌木。奇数羽状复叶，互生；小叶 9 ～ 17，下部小叶宽椭圆形，上部小叶线状长圆形，先端具突尖。总状花序腋生，有花 6 ～ 10 朵；萼钟状，萼齿 5；花冠淡紫色。荚果具 2 或 3 节荚。花果期 7—10 月。生长于海拔 1300 ～ 1600m 的干旱坡地。见于金河口次生灌木丛带的干旱山坡。

山岩黄耆 *Hedysarum alpinum* L. 岩黄耆属

多年生草本。奇数羽状复叶；小叶 11 ～ 23，卵状披针形，全缘。总状花序腋生，较复叶长，花 20 ～ 40 朵；花冠红紫色，稍下垂；萼钟状。节荚果扁椭圆形，表面有网状纹。花期 7—8 月，果期 8—9 月。生长于海拔 1800 ～ 2400m 的草甸、山坡、沟谷。可作绿肥和饲料。见于山涧口、赤崖堡。

胡枝子 *Lespedeza bicolor* Turcz. 胡枝子属

直立灌木。嫩枝黄褐色，老枝灰褐色。小叶 3，互生，顶生小叶较大。总状花序腋生；花萼杯状，紫褐色；花冠紫色。荚果卵形。花期 6—8 月，果期 9—10 月。生长于海拔 1800m 左右的山坡灌木丛中。叶可作绿肥；枝条可编筐；花供观赏。见于山涧口、金河沟。

达乌里胡枝子 *Lespedeza davurica* (Laxm.) Schindl. 胡枝子属

草本状灌木。三出羽状复叶，托叶2，刺芒状；小叶先端有短刺尖，全缘。总状花序腋生；萼片先端刺芒状，几与花冠等长；花冠黄白色至黄色。荚果倒卵形，包于宿存萼内。花期7—8月，果期9—10月。生长于海拔900～1600m的山坡、荒地、地埂。饲用植物。见于金河口郑家沟、章家窑等地。

绒毛胡枝子 *Lespedeza tomentosa* (Thunb.) Sieb. ex Maxim. 胡枝子属

草本状灌木。枝有细棱，全株有白色柔毛。小叶3，先端有短尖。总状花序，花密集；无瓣花腋生，呈头状花序状；花冠淡黄色。荚果包于宿存萼内，顶端有短喙。花期7—9月，果期9—10月。生长于海拔1100～1400m的山坡、荒地、草原及灌木丛中。饲用植物。见于金河口郑家沟。

阴山胡枝子 *Lespedeza inschanica* (Maxim.) Schindl. 胡枝子属

灌木。茎直立，分支多。小叶矩圆形，先端有短尖。总状花序腋生；花冠白色；旗瓣基部有紫斑，反卷；无瓣花密生于叶腋。荚果扁椭圆形，包于萼内，有白毛。花期8—9月，果期10月。生长于海拔1300m以下的山地草坡。作饲用植物或绿肥。见于山涧口、金河口郑家沟。

鸡眼草 *Kummerowia striata* (Thunb.) Schindl. 鸡眼草属

一年生草本。三出复叶；小叶全缘，中脉和边缘有白色刚毛。花1～3朵簇生于叶腋；花冠淡紫色。荚果扁平，椭圆形，顶端锐尖。花期7—8月，果期8—9月。生长于海拔800～1600m的田埂、山坡、路旁、林缘。可作牲畜饲料。见于山涧口、赤崖堡、金河口郑家沟。

歪头菜 *Vicia unijuga* A. Br. 野豌豆属

多年生草本。常数茎丛生，茎具细棱。小叶 2；托叶半箭头形，卷须针状。总状花序腋生，比叶长；萼斜钟状，萼齿 5；花冠蓝色、蓝紫色或紫红色。荚果窄长圆形，扁平。花期 7—8 月，果期 9—10 月。生长于海拔 1800m 以下的林缘、林间或山沟草地。可作牧草。见于山涧口；金河沟、郑家沟；赤崖堡等地。

广布野豌豆 *Vicia cracca* L. 野豌豆属

多年生草本。茎攀缘或斜升，有棱。羽状复叶；叶轴末端有分叉卷须；小叶 8 ～ 24。总状花序腋生，有花 7 ～ 20 朵；花冠蓝紫色或紫色，旗瓣的中部缢缩成提琴形。荚果长圆形，稍膨胀，两端急尖，褐色。花果期 6—9 月。生长于海拔 1400m 以下的山坡草地、林缘灌木丛。为优良牧草，也可作绿肥。习见于小五台山低海拔地区。

假香野豌豆 *Vicia pseudo-orobus* Fisch. et C. A. Mey. 野豌豆属

多年生草本。茎攀缘，有棱。羽状复叶；叶轴末端有卷须；小叶 2 ～ 10；托叶半边箭头形，边缘具锯齿。总状花序腋生，花多数；萼斜钟状，萼齿 5；花冠紫色或蓝紫色。荚果长圆形，稍扁。花期 7—9 月，果期 8—10 月。生长于海拔 1500m 左右的山坡灌木丛、林缘或疏林间。可作牧草。见于金河沟、杨家坪周边。

山黧豆 *Lathyrus palustris* L. var. *pilosus* (Cham.) Ledeb. 香豌豆属

多年生草本。茎攀缘，枝上有翅。叶为偶数羽状复叶；小叶 2 ～ 5 对；托叶半边箭头形；叶轴顶端有分叉的卷须。总状花序腋生；有花 2 ～ 6 朵；花冠蓝紫色。荚果条形。花期 6—7 月，果期 8—9 月。生长于海拔 800 ～ 1300m 的山坡、林缘草地、沟谷坡地。优良牧草。见于金河口章家窑、山涧口。

野大豆

Glycine soja Sieb. et Zucc.

大豆属

一年生草本。茎纤细，缠绕。三出羽状复叶，小叶卵状披针形，全缘，两面有毛。总状花序腋生，花小，淡紫色。荚果线状长圆形或镰刀形。花期6—7月，果期8—9月。生长于海拔1000～1400m的沟谷边、河岸、沼泽地、湿草地及灌木丛中。茎叶可作牲畜饲草。见于金河口郑家沟，杨家坪西河槽。

黄花酢浆草

Oxalis corniculata L.

酢浆草属

多年生草本。茎常匍匐，节上生根。叶基生或茎上互生；三出掌状复叶，小叶倒心形。花单生或为伞形花序，花瓣5，黄色。蒴果近圆柱形。花期6—8月，果期7—9月。生长于海拔1400～1800m的沟谷、山坡草地、田边、荒地或林下阴湿处等。见于山涧口；金河口章家窑道边。

牻牛儿苗 *Erodium stephanianum* Willd. 牻牛儿苗属

多年生蔓生草本。叶对生；叶片轮廓三角状卵形，二回羽状深裂；托叶三角状披针形。伞形花序腋生，明显长于叶，总花梗被开展柔毛，每梗具 2 ～ 5 花；花瓣紫红色。蒴果。花果期 4—9 月。生长于海拔 1200m 左右的山坡、草地。见于金河口章家窑，杨家坪管理区周边。

鼠掌老鹳草 *Geranium sibiricum* L. 老鹳草属

多年生草本。茎仰卧，多分支。叶对生；掌状 5 深裂，两面被疏伏毛；托叶披针形。总花梗单生于叶腋，长于叶；苞片对生；萼片卵状披针形；花瓣倒卵形，淡紫色或白色。蒴果。花果期 6—10 月。生长于海拔 1200 ～ 1400m 的林缘、灌木丛、河谷草甸。见于金河口郑家沟、金河沟、上寺、山涧口等地。

毛蕊老鹳草 *Geranium eriostemon* Fisch. ex DC. 老鹳草属

多年生草本。具纤维状肥厚块根，全株被开展的长糙毛和腺毛。叶基生或在茎上互生；掌状5裂，表面被疏糙伏毛；托叶三角状披针形。伞形聚伞花序；花瓣淡紫红色，向上反折，雄蕊长为萼片的1.5倍。蒴果。花果期6—9月。生长于海拔1200～1600m的山地林下、灌木丛。见于东台、西台、中台、上寺等地的阔叶林下及林缘草地。

草原老鹳草 *Geranium pratense* L. 老鹳草属

多年生草本。根状茎短，枝上有开展的密腺毛。叶对生，肾状圆形，7深裂；基生叶和下部茎生叶有长柄。聚伞花序顶生，具2花；花柄长1～3cm，有白色开展的密腺毛；花瓣蓝紫色，为萼片的1.5倍。蒴果。生长于海拔1200～1800m的草原、林缘。见于山涧口、西台亚高山草甸。

野亚麻 *Linum stelleroides* Planch. 亚麻属

一年生或二年生草本。叶互生，线状披针形或狭倒披针形，全缘。聚伞花序；萼片5，绿色，宿存；花瓣5，淡红色、淡紫色或蓝紫色；子房有5棱；花柱5枚，蒴果。花期6—8月，果期7—9月。生长于海拔1300～2750m的山坡、路旁和荒地。茎皮纤维为纺织和造纸原料。见于金河口章家窑、辉川等地的山坡及次生灌木丛。

宿根亚麻 *Linum perenne* L. 亚麻属

多年生草本。茎丛生，直立而细长。叶互生，披针形，浅蓝绿色。聚伞花序，花梗纤细，花瓣5枚，淡蓝色。花期6—7月，果期8—9月。生长于海拔1000～1400m的干旱山坡、阳坡疏灌木丛或草地。观赏；种子可榨油。见于金河口次生灌木丛带的干旱向阳山坡。

蒺藜　*Tribulus terrester* L.　蒺藜属

一年生草本。茎平卧，被长柔毛或长硬毛。偶数羽状复叶，小叶全缘，对生。花单生，黄色，萼片 5; 花瓣 5; 子房 5 棱，柱头 5 裂。果有 5 分果瓣，中部边缘有锐刺 2 枚，下部常有小锐刺 2 枚。花期 6—8 月，果期 8—10 月。生长于海拔 1200m 以下的荒地、山坡、路边。见于山涧口。果入药。见于金河口章家窑、郑家沟。

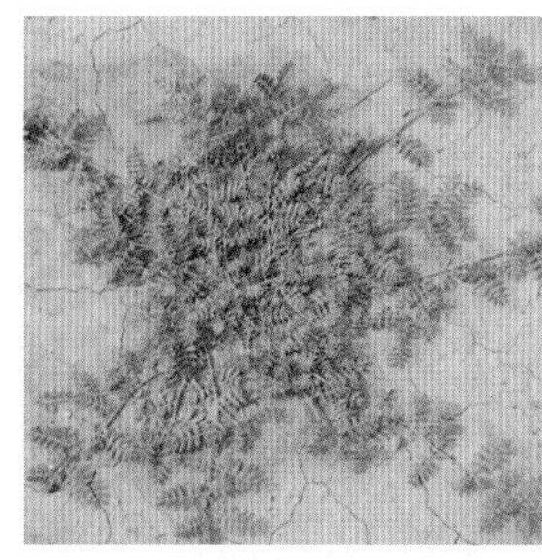

骆驼蓬　*Peganum harmala* L.　骆驼蓬属

多年生草本。茎基部多分支。叶互生，卵形，全裂为 3 ～ 5 条形或披针状条形裂片。花单生枝端，与叶对生；萼片 5，裂片条形；花瓣黄白色，倒卵状矩圆形。蒴果近球形。花期 5—6 月，果期 7—9 月。生长于海拔 1200m 左右的干旱坡地、盐渍化沙地、壤质低山坡、河谷。药用。见于辉川。

臭椿 *Ailanthus altissima* (Mill.) Swingle 臭椿属

落叶乔木。奇数羽状复叶，小叶 13 ～ 27，纸质，两侧各具 1 或 2 个粗锯齿，齿背有腺体 1 个，叶柔碎后具臭味。圆锥花序，花淡绿色；萼片 5，覆瓦状排列；花瓣 5；柱头 5 裂。翅果。花期 5—6 月，果期 9—10 月。生长于海拔 1300m 以下的山坡或种植于居民点附近。树皮、根皮可入药。见于金河口章家窑、杨家坪北沟等地。

远志 *Polygala tenuifolia* Willd. 远志属

多年生草本。根肥厚，茎丛生。叶全缘，互生，线状披针形。总状花序，苞片 3，花淡蓝紫色，两侧瓣片倒卵形，中央花瓣呈龙骨状；花柱线形，弯垂，柱头二裂。蒴果；种子密被白色细绒毛。花果期 5—9 月。生长于海拔 1300m 左右的山坡草地、灌木丛中以及杂木林下。根入药。见于金河口章家窑、郑家沟，山涧口，杨家坪北沟、辛庄梁，辉川。

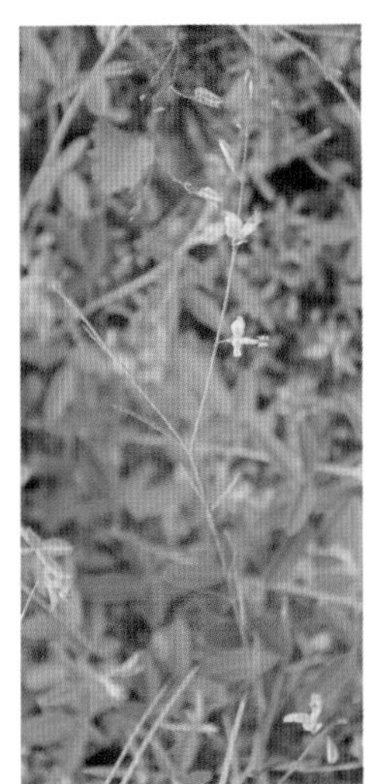

西伯利亚远志 *Polygala sibirica* L. 远志属

多年生草本。根木质，茎丛生。叶互生，纸质或亚革质，叶卵形，全缘，略反卷。总状花序腋外生或假顶生；花具3枚小苞片，萼片5，花瓣3，蓝紫色；龙骨瓣具流苏状鸡冠状附属物。蒴果具狭翅；种子黑色，具白色种阜。花果期5—9月。生长于海拔1400～1600m的山地灌木丛、林缘或草地。根入药。见于金河口郑家沟、金河沟，杨家坪北沟、辛庄梁。

地锦草 *Euphorbia humifusa* Willd. 大戟属

一年生草本。茎纤细，平卧，红紫色。叶对生，长圆状倒卵形；托叶细锥状，羽状细裂。杯状聚伞花序；总苞倒圆锥形，顶端4裂；子房具3纵棱。蒴果三棱状球形；种子黑褐色，外被白色蜡粉。花期6—9月，果期7—10月。生长于海拔1100m以下的路旁、田间、荒地、山坡。全草入药。见于金河口章家窑、山涧口等地。

乳浆大戟　*Euphorbia esula* L.　大戟属

多年生草本。根褐色或黑褐色。叶线形至卵形；不育枝叶常为松针状；苞叶2枚。花序单生于二歧分支的顶端；总苞钟状；腺体4，褐色。花柱3，柱头2裂。蒴果具3个纵沟。种子卵球状，种阜盾状。生长于海拔1100～1600m的路旁、杂草丛、山坡、林下、河沟边、荒山、沙丘及草地。见于金河口郑家沟、杨家坪道边。

雀儿舌头　*Leptopus chinensis* (Bge.) Pojark.　雀儿舌头属

灌木。茎上部和小枝条具棱。叶片膜质至薄纸质，卵形、近圆形、椭圆形或披针形，侧脉每边4～6条。雌雄同株，花单生或2～4朵簇生于叶腋；萼片、花瓣5枚。蒴果扁球形，基部有宿存的萼片。花期2—8月，果期6—10月。生长于海拔1200m左右的山地灌木丛、林缘、路旁、岩崖或石缝中。见于金河口农田果林带、杨家坪道边。

一叶萩

Securinega suffruticosa (Pall.) Rehd.

一叶萩属

灌木。多分支，小枝有棱槽。叶纸质，托叶宿存。雌雄异株，雄花3～18朵簇生；雌花花盘盘状，全缘。蒴果三棱状扁球形，成熟时淡红褐色，有网纹，3爿裂；种子具小疣状突起。花期3—8月，果期6—11月。生长于海拔900～1200m的山坡或路边。见于杨家坪北沟、金河口农田果林带。

铁苋菜

Acalypha australis L.

铁苋菜属

一年生草本。叶膜质；基出脉3条，侧脉3对。雌雄花同序，花序腋生；雄花生于花序上部，穗状或头状；雌花苞片1或2枚，苞腋具雌花1～3朵。蒴果具3个分果爿；种子近卵状，假种阜细长。花期7—9月，果期8—10月。生长于海拔1200左右的山坡、沟边、路旁、田野。见于金河口村舍附近、杨家坪北沟。

毛黄栌

Cotinus coggygria Scop. var. *pubescens* Engl.

黄栌属

落叶小乔木或灌木。木质部黄色，树汁有异味。单叶互生，叶倒卵形或卵圆形。顶生圆锥花序；花杂性，仅少数发育；不育花的花梗被羽状长柔毛；花瓣5枚，花盘5裂，紫褐色。核果外果皮具脉纹；内果皮角质。花期5—6月，果期7—8月。生长于海拔1100～1500m的向阳山林中。观赏。见于山涧口、金河沟。

白杜卫矛

Euonymus maackii Rupr.

卫矛属

小乔木。叶卵状椭圆形、卵圆形或窄椭圆形，边缘具细锯齿。花序聚伞状，花3～7朵；花黄绿色；花药紫色。蒴果粉红色，倒圆锥形，4浅裂；种子有橘红色的假种皮。生长于海拔1200m左右的沟谷林中。材用；树皮含硬橡胶，可用作工业用油。见于山涧口。

小卫矛 *Euonymus nanoides* Loes. et Rehd. 卫矛属

小灌木。老枝常具栓翅。叶椭圆披针形或线状披针形。聚伞花序具 1 或 2 朵花，花黄绿色。蒴果上部 1 ～ 4 浅裂，熟时紫红色；种子紫褐色，假种皮橙色，仅顶端有小口。花期 4—5 月，果期 8—9 月。生长于海拔 1200 ～ 1700m 的干旱山坡、灌木丛、山谷、山坡路边林。见于山涧口、金河口章家窑附近的次生灌木丛带。

卫矛 *Euonymus alatus* (Thunb.) Sieb. 卫矛属

灌木。小枝常具 2 ～ 4 列宽阔木栓翅；叶卵状椭圆形，边缘具细锯齿。聚伞花序 1 ～ 3 花，花白绿色，4 数；萼片半圆形；花瓣近圆形；蒴果 1 ～ 4 深裂，裂瓣椭圆状。种子椭圆状，种皮褐色或浅棕色，假种皮橙红色。生长于海拔 1300 ～ 1800m 的山坡、沟地、林下。见于山涧口、赤崖堡、金河口。

南蛇藤 *Celastrus orbiculatus* Thunb. 南蛇藤属

落叶藤状灌木。叶倒卵形、近圆形或长方椭圆形，边缘具锯齿，两面光滑无毛。聚伞花序腋生，花小；雄花萼片钝三角形，花盘浅杯状；雌花花冠较雄花窄小，花盘肉质。蒴果近球状，种子赤褐色。花期 5—6 月，果期 7—10 月。观赏。生长于海拔 450 ～ 2200m 的山坡灌木丛。见于金河口上寺。

元宝槭 *Acer truncatum* Bge. 槭属

落叶乔木。树皮灰褐色，深纵裂。叶纸质，常 5 裂，具 5 条主脉，裂片三角卵形或披针形，全缘；基部截形，稀心形。花黄绿色，杂性，萼片 5，黄绿色；花瓣 5，淡黄色或淡白色；花柱 2 裂，柱头反卷。小坚果具翅。生长于海拔 1400m 左右的阴坡。见于金河沟瀑布处。

茶条槭 *Acer ginnala* Maxim. 槭属

落叶灌木或小乔木。叶纸质，背面叶脉较正面更为显著。伞房花序；花杂性，雄花与两性花同株；萼片 5，黄绿色；花瓣 5，白色，较长于萼片。小坚果脉纹明显，具翅。花期 5 月，果期 10 月。小坚果。观赏。生长于海拔 1200 ～ 1600m 的丛林中。见于金河口章家窑周边山坡。

葛萝槭 *Acer grosseri* Pax 槭属

落叶乔木。叶卵形，纸质，5 裂。花淡黄绿色，单性，雌雄异株，常成细瘦下垂的总状花序；萼片 5，花瓣 5，雄蕊 8；子房紫色。翅果嫩时淡紫色，成熟后黄褐色。生长于海拔 1000 ～ 1600m 的疏林中。见于杨家坪北沟。

栾树 *Koelreuteria paniculata* Laxm. 栾树属

落叶乔木。小枝具疣点。奇数羽状复叶，小叶对生或互生。聚伞圆锥花序，花淡黄色；花瓣 4，开花时向外反折；子房三棱形。蒴果囊状，边缘有膜质薄翅 3 片；种子黑色。花期 6—7 月，果期 8—9 月。生长于海拔 800 ～ 1600m 的山坡、沟谷、杂木林中。常作为庭荫树、行道树及园景树。见于金河口章家窑、杨家坪周边山坡。

文冠果 *Xanthoceras sorbifolium* Bge. 文冠果属

落叶灌木或小乔木。小枝褐红色。小叶 4 ～ 8 对，膜质或纸质，披针形，两侧稍不对称，边缘有锐利锯齿，顶生小叶常 3 深裂。两性花的花序顶生，雄花序腋生，花瓣白色，基部紫红色或黄色，花盘的角状附属体橙黄色。蒴果；种子黑色。生长于海拔 1200m 的干旱山坡。油供食用。见于三涧口章家窑附近山坡、杨家坪二十亩地。

水金凤 *Impatiens noli-tangere* L. 凤仙花属

一年生草本植物。茎肉质。叶卵形或卵状椭圆形，互生，边缘有粗锯齿。总状花序，苞片草质，披针形；花黄色；侧生萼片卵形，旗瓣圆形或近圆形，翼瓣无柄，唇瓣宽漏斗状。蒴果线状圆柱形。花期7—9月，果期9—10月。生长于海拔1300～1800m的水沟边、林缘草地或阴湿之处。见于金河沟、杨家坪西河槽。

小叶鼠李 *Rhamnus parvifolia* Bge. 鼠李属

灌木。小枝枝端及分叉处有针刺。叶纸质，近对生或在短枝上簇生，菱状倒卵形，边缘有圆齿状细锯齿。花单性，雌雄异株，黄绿色，簇生短枝上。核果倒卵状球形，成熟时黑色，具2分核。种子褐色，背侧有长为种子4/5的纵沟。花期5—6月，果期7—9月。生长于海拔1200m左右的灌木丛、林中、山脊、山坡杂木林中。见于山涧口沟口。

锐齿鼠李 *Rhamnus arguta* Maxim. 鼠李属

灌木或小乔木。小枝常对生，紫红色，枝端有时具针刺；顶芽紫黑色，具数个鳞片。叶纸质，卵状心形或卵圆形，在短枝上簇生。花单性，雌雄异株，4基数；雄花10～20个簇生；雌花数个簇生于叶腋；花柱3或4裂。核果。花期5—6月，果期6—9月。生长于海拔1400～1800m的山坡灌木丛中。种子油可作润滑油；茎叶及种子熬成液汁可作杀虫剂。见于山涧口、金河沟。

乌苏里鼠李 *Rhamnus ussuriensis* J. Vass 鼠李属

灌木。小枝灰褐色，腋芽和顶芽卵形。叶纸质，近对生，狭椭圆形或狭矩圆形；托叶披针形。花单性，雌雄异株；雌花数个至20余个簇生；萼片卵状披针形。核果倒卵状球形，黑色；种子卵圆形，黑褐色。花期4—6月，果期6—10月。生长于海拔1300～1600m的河边、林下或山坡灌木丛。枝叶可作农药。见于金河沟。

酸枣

Ziziphus jujuba Mill. var. *spinosa* (Bge.) Hu ex H.F.Chow

枣属

落叶小乔木，稀灌木。树皮褐色或灰褐色，具2个托叶刺。叶纸质，基生三出脉。花黄绿色，两性，5基数；花盘厚，肉质，5裂。核果具1或2粒种子。花期6—7月，果期8—10月。生长于海拔800～1200m的山坡、田埂。种子入药。见于金河口章家窑、杨家坪北沟。

山葡萄

Vitis amurensis Rupr.

葡萄属

木质攀缘藤本，卷须与叶对生。叶宽卵形，基部心形，常3～5裂。雌雄异株，圆锥花序，与叶对生，花瓣5，黄绿色。浆果熟时黑色，浓被蓝粉。花期5—6，果期8—9月。生长于海拔800～1600m的山坡、沟谷林中或灌木丛。果可鲜食和酿酒。见于杨家坪道边、山涧口。

乌头叶蛇葡萄 *Ampelopsis aconitifolia* Bge. 蛇葡萄属

木质藤本，卷须 2 或 3 分叉。掌状 5 小叶，小叶 3 ～ 5 羽裂，披针形；侧脉 3 ～ 6 对；托叶膜质。伞房状复二歧聚伞花序，常与叶对生或假顶生；花瓣 5；子房下部与花盘合生。花期 6—7 月，果期 8—9 月。生长于海拔 1200m 左右的路边、沟边、山坡林下灌木丛中、山坡石砾地及砂质地。见于金河口郑家沟、章家窑；杨家坪道边。

蒙椴 *Tilia mongolica* Maxim. 椴树属

小乔木。叶三角状卵形，中上部三浅裂，边缘具不整齐的粗锯齿，齿端具刺芒。聚伞花序下垂，苞片窄长圆形，长 2 ～ 5cm，有柄。果实卵圆形，有明显的 5 棱，外有绒毛。花期 7 月，果期 8—9 月。生于向阳山坡。材用。见于杨家坪、金河口管理区附近。

锦葵 *Malva sinensis* Cavan. 锦葵属

二年生或多年生直立草本。叶圆心形或肾形，具 5 ～ 7 圆齿状钝裂片。花 3 ～ 11 朵簇生，小苞片 3；花紫红色或白色，花瓣 5，匙形，先端微缺，爪具髯毛。果扁圆形，分果爿 9 ～ 11，肾形；种子黑褐色。常见的栽培植物，偶有逸生。观赏。见于金河口村舍附近。

冬葵 *Malva mohileviensis* Downar 锦葵属

二年生草本。叶肾形或圆形，掌状 5 ～ 7 裂，边缘具锯齿，叶柄被毛。花 3 至多朵簇生于叶腋，近无花梗；花瓣 5，花瓣顶端粉红色，基部白色。果扁球形，分果，种子肾形。花果期 6—11 月。生长于海拔 1250m 以下的山坡、路旁、荒地、杂草地。见于山涧口、金河沟。

蜀葵 *Althaea rosea* (L.) Cavan. 蜀葵属

二年生草本。叶近圆心形，掌状5～7浅裂或波状棱角，被星状毛。总状花序；花单生或近簇生；叶状苞片杯状，密被星状粗硬毛；萼钟状，5齿裂；花瓣倒卵状三角形；有紫、粉、红、白等色。蒴果，种子扁圆，肾形。观赏。花果期6—8月。见于金河沟、章家窑、西金河口村舍附近。

苘麻 *Abutilon theophrasti* Medic. 苘麻属

一年生亚灌木状草本。叶圆心形，边缘具细圆锯齿，两面密被星状柔毛。花单生；花萼杯状；花瓣倒卵形，黄色。蒴果半球形，分果爿15～20，被粗毛；种子肾形，褐色。花期7—8月，果期9—10月。生长于海拔1200m左右的路旁、荒地和田野间。茎皮纤维为纺织原料；种子油供工业用；种子入药。见于山涧口、杨家坪西河槽、金河口农田果林带。

野西瓜苗 *Hibiscus trionum* L. 木槿属

一年生草本。下部叶近圆形，中上部叶掌状，3 ～ 5 深裂。花单生于叶腋，小苞片多数；花萼膜质，5 裂，具绿色纵脉；花瓣 5，淡黄色，紫心；花柱顶端 5 裂。蒴果圆球形，有长毛。花期 7—8 月，果期 9—10 月。生长于海拔 1300m 以下的田埂、荒地、山坡、路旁。见于金河口农田果林带、杨家坪杏林地。

黄海棠 *Hypericum ascyron* L. 金丝桃属

多年生草本。茎及枝条具 4 棱。叶全缘，无柄，坚纸质。伞房状至狭圆锥状花序具多数花；萼片全缘，果时直立；花瓣金黄色，弯曲，常具腺斑；花药金黄色，具松脂状腺点。蒴果，棕褐色。花期 7 月，果期 9 月。生长于海拔 900 ～ 1500m 的阴坡林间空地、林缘、灌木丛间、草丛、溪旁及河岸湿地等处。见于山涧口、金河沟。

野金丝桃 *Hypericum attenuatum* Choisy 金丝桃属

多年生草本。全株散生黑色腺点。叶长卵形，抱茎。花数朵顶生，花瓣黄色，边缘及背面散生黑腺点。蒴果卵圆形，深棕色；种子长圆柱形，一侧具狭翼。花期7—8月，果期8—9月。生长于海拔1400m以下的阳坡草地。见于山涧口；金河口郑家沟、金河沟。

双花堇菜 *Viola biflora* L. 堇菜属

多年生草本。基生叶具长柄；茎生叶柄短；叶肾形、宽卵形或近圆形，先端钝圆，基部心形，边缘具钝齿。花黄色或淡黄色，上部有2枚披针形小苞片；萼片具膜质缘；花瓣具紫色脉纹，距短筒状。蒴果长圆状卵形。生长于海拔1600～1800m的亚高山草甸、林缘、灌木丛和岩石缝隙间。见于金河口阔叶林下、金河沟、西台亚高山草甸。

鸡腿堇菜 *Viola acuminata* Ledeb. 堇菜属

多年生草本。通常无基生叶。叶缘具钝锯齿及短缘毛，两面密生褐色腺点；托叶草质，叶状，羽状深裂呈流苏状，两面有褐色腺点。花淡紫色或近白色，具长梗；萼片具3脉；花瓣有褐色腺点；距呈囊状。蒴果椭圆形。花果期6—7月。生长于海拔1400～1800m的阴坡、林下、河谷湿地。见于杨家坪贺家沟、金河沟。

羽裂叶堇菜 *Viola fissifolia* Kitag. 堇菜属

多年生草本。无地上茎。叶基生，三角状卵形；托叶披针形，膜质，与叶柄合生。花紫色；小苞片线状披针形；萼片披针形，边缘膜质；花瓣长圆状倒卵形，近基部有须毛，距粗大。蒴果圆球形。生长于海拔2200～3700m的山坡草地、溪旁、河边等处。见于杨家坪贺家沟。

球果堇菜 *Viola collina* Bess. 堇菜属

多年生草本。根状茎粗而肥厚，具结节。叶呈莲座状；叶片宽卵形或近圆形；叶柄具狭翅；托叶膜质。花淡紫色，具长梗；萼片具缘毛和腺体；花瓣基部微带白色，花瓣距白色。蒴果球形，密被白色柔毛，成熟时果梗向下方弯曲。花果期5—8月。生长于海拔1400～1800m的灌木丛、林下、路边石缝、山坡草甸。见于山涧口、金河口等地的针叶林下。

斑叶堇菜 *Viola variegata* Fisch. ex Link. 堇菜属

多年生草本。无地上茎。叶基生，近心形或宽卵形，边缘有细圆齿，正面沿叶脉有白色斑带，背面多带紫色。花小，淡紫色。蒴果椭圆形，有紫斑。花期4—5月，果期5—7月。生长于海拔800～1400m以上的山坡、林下、荒地、路边。见于杨家坪、山涧口。

紫花地丁 *Viola yedoensis* Makino 堇菜属

多年生草本。无地上茎，叶三角状卵形或狭卵形，先端圆钝，基部截形或楔形，稀微心形，边缘具较平的圆齿。花紫堇色或淡紫色，稀呈白色，喉部色较淡并带有紫色条纹；距细管状。蒴果长圆形；种子卵球形，淡黄色。花果期 4—9 月。生长于海拔 800 ～ 1300m 的田间、荒地、山坡草丛、林缘或灌木丛中。全草入药。见于金河口章家窑、金河沟。

早开堇菜 *Viola prionantha* Bge. 堇菜属

多年生草本。无地上茎。叶基生；叶在花期呈长圆状卵形，基部微心形或截形，边缘密生细圆齿；叶在果期呈三角状卵形，基部宽心形；叶柄上部有狭翅；托叶干后膜质。花淡紫色，喉部色淡并有紫色条纹；萼片具白色狭膜质边缘。蒴果长椭圆形；种子卵球形。生长于海拔 800 ～ 1200m 的山坡草地、沟边、宅旁等向阳处。见于金河口章家窑、杨家坪道边。

河蒴荛花 *Wikstroemia chamaedaphne* (Bge.) Meisn. 荛花属

落叶小灌木。老枝棕黄色，嫩枝绿色，易折断，断面可见白色绵状纤维。单叶对生，叶全缘。顶生伞形花序，常数个集合成圆锥花序；花被筒状，黄色。核果卵形。花期6—8月，果期9月。生长于海拔1500m以下的阳坡、灌木丛、路旁。见于山涧口、辉川、金河口郑家沟、金河沟。

草瑞香 *Diarthron linifolium* Turcz. 草瑞香属

一年生草本。叶互生，全缘，近无柄，条状披针形。顶生穗状花序，花梗极短，花被筒状，下端绿色，上端暗红色，顶4裂，裂片卵状椭圆形。果实黑色，有光泽。生长于海拔1200～1500m的干旱山坡和草地。见于金河口章家窑、郑家沟。

狼毒　*Stellera chamaejasme* L.　狼毒属

多年生草本。叶长圆状披针形，散生，全缘，稀对生或近轮生，薄纸质。头状花序顶生；花白色、黄色至带紫色，芳香；具绿色叶状总苞片；花萼筒细瘦，常具紫红色的网状脉纹。果实圆锥形；种皮膜质，淡紫色。花期6月，果期7月。草甸退化指示植物。生长于海拔1300～2400m的阳坡草甸。见于西台、南台。

牛奶子　*Elaeagnus umbellata* Thunb.　胡颓子属

落叶灌木。幼枝密被银白色或少数黄褐色鳞片。叶纸质或膜质，卵状椭圆形或倒卵状披针形，背面密被银白色和少数褐色鳞片。花先叶开放，黄白色，芳香，密被银白色盾形鳞片。果实卵圆形，成熟时红色。花期4—5月，果期7—8月。生长于海拔1400m左右的山坡及疏林中。见于金河口章家窑附近山坡、山涧口。

沙棘 *Hippophae rhamnoides* L. 沙棘属

落叶灌木或乔木。棘刺较多。嫩枝褐绿色，老枝灰黑色，密被银白色而带褐色鳞片；芽金黄色或锈色。单叶近对生，纸质，狭披针形，正面绿色，背面银白色，被鳞片。果实橙黄色或橘红色；种子小，黑色，具光泽。生长于海拔 800 ～ 1400m 的向阳山坡、谷地、干涸河床、沙质土壤或黄土上。果入药。见于山涧口、赤崖堡、金河口章家窑。

高山露珠草 *Circaea alpina* L. 露珠草属

多年生草本。茎上常被短镰状毛及花序上被腺毛。叶狭卵状菱形、椭圆形或近圆形，基部狭楔形至心形，边缘全缘或有尖锯齿。顶生总状花序，花瓣白色，先端无凹缺至凹达中部；萼片白色或粉红色。果实棒状至倒卵状。花果期 7—8 月。生长于海拔 1800 ～ 2400m 的阴坡林下。见于山涧口破车路、西台附近的阔叶林下。

心叶露珠草 *Circaea cordata* Royle 露珠草属

多年生草本。茎光滑，节间基部略膨大。叶对生，狭卵形或卵状披针形，先端渐尖，基部近圆形；总状花序；花梗细；萼筒紫红色，疏生腺毛，花期向下反折；花瓣粉红色，先端2深裂。果实倒卵状球形，具4纵沟，密被钩状毛。花期6—8月，果期7—9月。生长于海拔800～1400m的沟谷、阴湿处。见于山涧口、杨家坪郝家沟。

柳兰 *Epilobium angustifolium* L. 柳叶菜属

多年生草本。根状茎木质化，表皮撕裂状脱落。叶披针状长圆形至倒卵形，螺旋状互生，无柄。总状花序呈密集的长穗状；花萼4裂，裂片条状披针形；花瓣4，紫红或淡红色，倒卵形，基部具爪。蒴果圆柱形，密被白色柔毛；种子顶端具1簇白色种缨。花果期6—10月。生长于海拔1600～2000m的山坡林缘、林下及河谷湿草地。见于山涧口、金河沟及西台附近。

毛脉柳叶菜 *Epilobium amurense* Hausskn. 柳叶菜属

多年生草本。茎具 2 条细棱，棱上密生曲柔毛。叶卵状披针形，边缘具不明显的细齿。花单生于叶腋，粉红色；花萼疏生腺毛。蒴果，种子具小乳突，顶端有一簇污白色种缨。花期 6—8 月，果期 8—9 月。生长于海拔 1500m 左右的林缘、沟谷、溪流旁湿地。见于山涧口、金河沟。

刺五加 *Acanthopanax senticosus* (Rupr. et Maxim.) Harms. 五加属

落叶灌木。茎密生细长倒刺。掌状复叶互生，小叶 5，稀 3，边缘具尖锐重锯齿。叶纸质，椭圆状倒卵形或长圆形，侧脉 6 或 7 对，脉上有粗毛。伞形花序顶生或 2 ～ 6 个组成稀疏的圆锥花序；花紫黄色，花瓣 5；花萼具 5 齿。浆果状核果近球形，具 5 棱。花期 6—7 月，果期 8—10 月。生长于海拔 1300 ～ 1800m 的阴坡林间空地、灌木丛。茎、根茎、根入药。见于山涧口、杨家坪分沟。

迷果芹

Sphallerocarpus gracilis (Bess.) K.-Pol.　迷果芹属

二年生草本。叶轮廓三角状卵形，三至四回羽状全裂，终裂片线状披针形；叶鞘抱茎。复伞形花序，伞辐 6 ～ 10；每辐具花 12 ～ 20 朵；萼齿细小；花瓣白色，倒心形，先端具内卷的小舌片。双悬果两侧压扁，背部有 5 条突起的棱。花果期 7—9 月。生长于海拔 1200 ～ 1700m 的山坡路旁、村庄附近及荒草地上沟谷边及林间草地。见于山涧口、金河沟。

峨参

Anthriscus sylvestris (L.) Hoffm.　峨参属

多年生草本。叶二或三回羽状全裂，一回裂片披针形，边缘有粗锯齿；复伞形花序，伞辐 7 ～ 14，每辐具花 10 朵；小总苞片 5，披针形，边缘具睫毛；花瓣白色，先端凹，具辐射瓣。双悬果，基部具一圈白色刺毛，先端短喙状，绿黑色。花果期 5—8 月。生长于海拔 1200 ～ 1500m 的林缘草地、山沟溪边。见于金河沟。

窃衣　*Torilis japonica* (Houtt.) DC.　窃衣属

一年生草本。茎密生贴伏的白色刚毛。叶轮廓卵形，二至三回羽状分裂，终裂片长圆形至披针形，边缘有粗齿至缺刻。复伞形花序，伞辐 4 ～ 11，每辐具花 7 ～ 12 朵；花瓣白色或淡红色，先端内折，果时向外反曲。双悬果卵形，密被钩状刺。花果期 6—9 月。生长于海拔 1250 ～ 2400m 的山坡、林下、河边、荒地及草丛中。见于金河口管理区周边。

北柴胡　*Bupleurum chinense* DC.　柴胡属

多年生草本。茎具细纵棱，上部多回分支，微“之”字形曲折。叶倒披针形或狭椭圆形，具 7 ～ 9 脉，基部收缩成柄。复伞形花序，伞辐 5 ～ 8，每辐具 5 ～ 12 朵花；花瓣鲜黄色。双悬果椭圆形。花期 7—9 月，果期 9—10 月。生长于海拔 1900m 以下的干燥山坡、林缘、林中隙地、灌木丛及路旁。根入药。见于山涧口，杨家坪，金河口郑家沟、章家窑等地。

黑柴胡 *Bupleurum smithii* Wolff. 柴胡属

多年生草本。根黑褐色，茎有纵棱。基生叶丛生，长圆状披针形，叶脉 7 ～ 9；中部茎生叶狭长圆形，叶脉 11 ～ 15；上部叶长卵形，叶脉 21 ～ 31。复伞形花序；伞辐 6 ～ 9；每辐具花 10 余朵；花瓣黄色。双悬果褐紫色，卵形，狭翅状。花期 7—8 月，果期 8—9 月。生长于海拔 1200 ～ 2400m 的山坡草地、山谷、山顶阴处。见于山涧口斗根岭、西台的亚高山草甸。

葛缕子 *Carum carvi* L. 葛缕子属

二年生或多年生草本。叶片轮廓长圆形，二至三回羽状深裂至全裂，一回羽片 5 ～ 7 对，二回羽片 2 或 3 对，终裂片线状披针形；叶鞘具白色或淡红色宽膜质边缘。复伞形花序，伞辐 5 ～ 12，每辐具 10 余朵花；花瓣白色或带粉红色，倒卵形。双悬果椭圆形，两侧压扁。花果期 6—8 月。生长于海拔 1400 ～ 2400m 的沟谷、山坡、林缘。见于山涧口、金河沟。

短柱茴芹 *Pimpinella brachystyla* Hand.-Mazz. 茴芹属

一年生草本。基生叶早枯；茎生叶二至三回羽状分裂，末回裂片卵状披针形，基部楔形，边缘具不整齐锯齿。复伞形花序，伞辐 5 ～ 18，每辐具 7 ～ 15 朵花；萼齿不明显；花白色。双悬果宽卵形，果棱不明显。花期 8—9 月，果期 9—10 月。生长于海拔 1300 ～ 1900m 的潮湿谷地、沟边或坡地上。见于山涧口、金河沟。

防风 *Saposhnikovia divaricata* (Turcz.) Schischk. 防风属

多年生草本。根茎处密被纤维状老叶残基，茎二叉状分支。叶卵状披针形，二至三回羽状深裂，终裂片狭楔形，先端常具 2 或 3 缺刻状齿。复伞形花序，伞辐 5 ～ 10，每辐具 4 ～ 10 朵花；萼齿三角状卵形；花瓣白色。双悬果被小瘤状突起。花期 8—9 月，果期 9—10 月。生长于海拔 1300m 以下的阳坡、干山坡、荒地、田埂。根入药。见于杨家坪北沟、金河口农田果林带。

密花岩风 *Libanotis condensata* (L.) Crantz 岩风属

多年生草本。茎具钝棱。叶片二至三回羽状全裂，终裂片线状披针形，叶柄全成鞘状。复伞形花序，伞辐 20 ～ 35；每辐具花 20 ～ 30 朵；总苞片 10 ～ 20，线状披针形，边缘膜质；花瓣白色。双悬果背腹压扁，侧棱翅状。花期 7—8 月，果期 8—9 月。生长于海拔 1400 ～ 2500m 的山顶草甸、河滩草丛、林缘。见于山涧口、西台亚高山草甸。

辽藁本 *Ligusticum jeholense* (Nakai. et Kitag.) Nakai. et Kitag. 藁本属

多年生草本。根表面深褐色，有芳香气味。基生叶和茎下部叶具长柄，向上渐短；叶片轮廓宽卵形，二至三回三出式羽状分裂；复伞形花序，伞辐 8 ～ 16，每辐具小花 15 ～ 20；花瓣白色，长圆状倒卵形。双悬果长椭圆形。花期 8—9 月，果期 9—10 月。生长于海拔 1100 ～ 2500m 的多石质、山坡林下、草甸及沟边阴湿处。根、根茎入药。见于金河口金河沟、山涧口。

白芷

Angelica dahurica (Fisch.) Benth. et Hook. ex Franch. et Savat.

当归属

多年生草本。高大。根黄褐色，有浓烈气味。基生叶一回羽状分裂，有长柄；茎生叶二至三回羽状分裂，下部为囊状膨大的膜质叶鞘，多无柄。复伞形花序；伞辐 20 ～ 40，每辐具 10 余朵小花；花瓣倒卵形，白色。双悬果背腹压扁，侧棱具宽翅。花期 7—8 月，果期 8—9 月。生长于海拔 1600 ～ 2400m 的林下、林缘、溪旁、灌木丛和山谷草地。根入药。见于山涧口、杨家坪西河槽。

石防风

Peucedanum terebinthaceum Kom.

前胡属

多年生草本。茎具纵棱，节部膨大。叶二至三回羽状全裂，轮廓卵状三角形，末回裂片披针形至卵状披针形，边缘具缺刻状牙齿；叶鞘线形，边缘膜质。复伞形花序，伞辐 10 ～ 16；萼片狭三角形；花瓣白色。双悬果椭圆形，有光泽。花果期 7—9 月。生长于海拔 1400 ～ 1800m 的山坡草地或林缘。见于山涧口、金河沟。

短毛独活

Heracleum moellendorffii Hance

独活属

多年生草本。全株被短硬毛。羽状复叶，小叶 3 ～ 5，顶生小叶宽卵形，3 ～ 5 裂，边缘具粗大圆齿，被疏短硬毛。复伞形花序，伞辐 20 ～ 30，每辐具 20 余朵花；萼齿三角形；花瓣白色，辐射瓣 2 深裂。双悬果淡棕黄色，侧棱具窄翅。花期 7—8 月，果期 8—9 月。生长于海拔 900 ～ 2600m 的山坡林下、阴坡沟旁、林缘。见于山涧口、金河沟、西台、赤崖堡。

沙梾

Cornus bretschneideri L. Henry

梾木属

灌木或小乔木。树皮紫红色；冬芽被白色短柔毛。叶对生，正面绿色，背面灰白色。伞房状聚伞花序顶生；花小，白色，花萼裂片 4，花瓣 4。核果。花期 6—7 月；果期 8—9 月。生长于海拔 1100 ～ 2300m 的杂木林内或灌木丛中。见于山涧口、西台附近的针阔混交林带。

毛梾　*Cornus walteri* Wanger　梾木属

落叶乔木。树皮黑褐色，纵裂而又横裂成块状。叶纸质，对生，侧脉 4 或 5 对；伞房状聚伞花序顶生，花白色；花萼裂片 4，绿色；花瓣 4。核果球形。生长于海拔 1300 ～ 1700m 的阳坡、溪岸、沟谷坡地的林缘、杂灌木林及疏林中。木本油料植物；材用。见于山涧口。

红瑞木　*Cornus alba* L.　梾木属

落叶灌木。老干暗红色，枝桠血红色。叶对生，椭圆形。伞房状聚伞花序；花小，白色或淡黄白色，花萼裂片 4，花瓣 4。核果。观赏。生长于海拔 600 ～ 1700m 的杂木林或针阔叶混交林中。木本油料植物；观赏。见于山涧口。

红花鹿蹄草 *Pyrola incarnata* Fisch. ex DC. 鹿蹄草属

多年生草本。常绿。叶基生，圆形或卵状椭圆形。花葶高 10 ～ 20cm，中部以下有 1 ～ 3 枚鳞片状叶；总状花序；萼 5 裂；花瓣 5，紫红色至红色，卵圆形或近圆形。蒴果扁球形。花果期 6—8 月。生长于海拔 1400m 以上的林下。见于山涧口、金河口、辉川、西台等地的阔叶林下。

鹿蹄草 *Pyrola calliantha* H. Andr. 鹿蹄草属

多年生草本。常绿。根茎细长，横走。叶基生，卵圆形至圆形，边缘反卷。总状花序，花葶上有鳞片状叶 1 或 2 片；苞片舌形；萼片舌形；花瓣白色或粉红色。蒴果扁球形。花期 6—7 月，果期 7—9 月。生长于海拔 1800 ～ 2400m 的林下。全草入药。见于山涧口、金河口、辉川等地的阔叶林下。

照山白 *Rhododendron micranthum* Turcz. 杜鹃花属

常绿灌木。小枝褐色，有褐色鳞片。叶互生，椭圆状披针形或狭卵圆形，正面绿色，背面密生褐色腺鳞。总状花序顶生；花冠钟形，白色。蒴果长圆形，褐色。花期6—7月，果期7—8月。生长于海拔1000～1600m的山坡、林下、山沟石缝。见于金河口郑家沟、金河沟，杨家坪东沟，山涧口等地。

迎红杜鹃 *Rhododendron mucronulatum* Turcz. 杜鹃花属

落叶灌木。分支多。叶片质薄，椭圆状披针形，疏生鳞片。花序腋生枝顶或假顶生，花先叶开放，伞形着生；芽鳞宿存；花萼5裂，被鳞片；花冠宽漏斗状，淡红紫色。蒴果长圆形。生长于海拔1300～1500m的山地灌木丛。见于杨家坪贺家沟。

河北假报春 *Cortusa matthioli* L. ssp. *pekinensis* (A. Rich.) Kitag. 假报春花属

多年生草本。叶基生，有长柄，密被淡棕色毛；叶片近圆形，羽状分裂，裂片具不整齐深锯齿。伞形花序；花紫红色，钟状。蒴果椭圆形。花期6月，果期7—8月。生长于海拔1800～2200m的亚高山草甸及山地林。观赏。见于金河口阔叶林带林下，东台、西台、南台附近亦有分布。

胭脂花 *Primula maximowiczii* Regel 报春花属

多年生草本。叶基生，长圆状倒披针形，边缘有细三角形牙齿。伞形花序1～3轮，粗壮；苞片披针形；花萼钟状；花冠暗红色。蒴果圆柱形，伸出萼外。花期5—6月，果期7—8月。生长于海拔1700～2300m的亚高山草甸上或山地林下、林缘及潮湿腐殖质丰富的地方。观赏。见于山涧口、西台。

翠南报春 *Primula sieboldii* E. Morren 报春花属

多年生草本。叶基生，3～8枚，卵状长圆形，边缘具不整齐的缺刻和锯齿；伞形花序顶生，具5～15朵花；苞片线状披针形；花萼钟形，裂片5；花冠淡红色，稀白色，高脚碟状，裂片5，先端2裂。蒴果圆筒形至椭圆形。花期4—5月，果期6—7月。生长于海拔1600～1800m的沟谷、林间空地、林缘。见于杨家坪贺家沟。

旱生点地梅 *Androsace lehmanniana* Spreng. 点地梅属

多年生草本。叶轮状簇生，长圆状倒卵形至宽披针形，被白色长柔毛。花葶单一，棕褐色，被白色长柔毛。伞形花序；花冠白色；花被片内面基部有红、黄圈点。蒴果包于宿萼内。花期5—6月，果期7—8月。生长于海拔1700m以下的沟谷、荒地。见于西台亚高山草甸、杨家坪九厂等地。

狭叶珍珠菜　*Lysimachia pentapetala* Bge.　珍珠菜属

一年生草本。茎多分支，密被褐色无柄腺体。叶狭披针形，互生，有褐色腺点。总状花序顶生，苞片钻形；花萼下部合生达全长的 1/3 或近 1/2，边缘膜质；花冠白色。蒴果球形。生长于海拔 1200 ～ 1600m 的山坡荒地、路旁、田边和疏林下。见于金河沟、山涧口。

狼尾花　*Lysimachia barystachys* Bge.　珍珠菜属

多年生草本。具横走的根状茎，全株密被卷曲柔毛。叶长圆状披针形、倒披针形以至线形，互生或近对生。总状花序顶生；苞片线状钻形；萼片 5 裂；花冠白色，5 裂。蒴果球形，包于宿存花萼内。花果期 6—8 月。生长于海拔 800 ～ 1200m 的山坡、草地、路旁灌木丛、田埂。见于山涧口生态站附近。

二色补血草 *Limonium bicolor* (Bge.) O. Ktze. 补血草属

多年生草本。茎丛生。叶匙形或长倒卵形，基部窄狭成翅柄，近全缘。花序圆锥状，花序轴单生或 2 ～ 5 枚各由不同的叶丛中生出，有 3 或 4 棱角；萼筒漏斗状，白色或淡黄色；花瓣匙形至椭圆形。蒴果 5 棱，包于萼内。花果期 5—10 月。生长于海拔 800 ～ 1400m 的沟谷、草地。见于西台亚高山草甸。

红丁香 *Syringa villosa* Vahl. 丁香属

灌木。枝具皮孔。叶椭圆状卵形，正面深绿色，背面粉绿色，贴生疏柔毛。圆锥花序由顶芽抽生；花芳香；花冠淡紫红色、粉红色至白色。蒴果长圆形。花期 5—6 月。生长于海拔 1300 ～ 1800m 的山坡灌木丛、沟边、河旁、林缘。见于山涧口、金河口等地的阔叶林带。

北京丁香

Syringa pekinensis Rupr.

丁香属

大灌木或小乔木。树皮褐色或灰棕色，纵裂。叶纸质，椭圆状卵形至卵状披针形；叶柄细弱。圆锥花序；花冠白色，呈辐状；蒴果长椭圆形至披针形，光滑，疏生皮孔。花果期6—10月。生长于海拔800～1700m的山坡灌木丛、疏林、沟边、山谷。见于杨家坪北沟，金河口章家窑、金河沟，赤崖堡。

鳞叶龙胆

Gentiana squarrosa Ledeb.

龙胆属

一年生草本。茎密被黄绿色和紫色乳突。基生叶在花期枯萎；茎生叶小，具短小尖头，基部渐狭，边缘厚软骨质。花单生于小枝顶端；花梗黄绿色或紫红色；花萼叶状；花冠蓝色。蒴果外露，有宽翅。花果期6—8月。生长于海拔1600m以下的山谷、河滩、荒地、草甸。见于山涧口、杨家坪、金河口郑家沟等地。

假水生龙胆 *Gentiana pseudoaquatica* Kusnez. 龙胆属

一年生草本。茎近四棱形，被微短腺毛。叶对生，边缘软骨质，具芒刺；茎生叶基部合生成筒。花单生枝顶；花萼具5条软骨质突起；花冠管状钟形，蓝色。蒴果倒卵形，顶端具狭翅。花期6—8月，果期8—9月。生于山地草甸、山地灌木丛。见于金河沟。

秦艽 *Gentiana macrophylla* Pall. 龙胆属

多年生草本。莲座丛叶卵状椭圆形，叶脉5～7条；茎生叶椭圆状披针形，叶脉3～5条，两面均明显，并在背面凸起。花多数，无梗，簇生枝顶呈头状或腋生作轮状；花萼筒膜质；花冠筒部黄绿色，冠蓝紫色。蒴果长椭圆形。花果期7—10月。生长于海拔2400m左右的亚高山草甸。根入药。见于东台、西台、南台的山地草甸。

扁蕾 *Gentianopsis barbata* (Froel.) Ma 扁蕾属

一年生或二年生草本。基生叶多对，匙形或线状倒披针形，常早落；茎生叶 3 ～ 10 对，无柄，狭披针形至线形。花单生茎或分支顶端；花冠筒状漏斗形，筒部黄白色，檐部蓝色或淡蓝色。蒴果具短柄，与花冠等长。花果期 7—9 月。生长于海拔 800 ～ 1200m 的沟边、山坡草地、林下、灌木丛。见于山涧口、赤崖堡、中台亚高山草甸。

花锚 *Halenia corniculata* (L.) Cornaz 花锚属

一年生草本。茎近四棱形，具细条棱，从基部分支。基生叶常早枯萎；茎生叶椭圆状披针形或卵形，叶脉 3 条。聚伞花序；花萼裂片狭三角状披针形；花冠黄色，钟形，裂片卵形或椭圆形，先端具小尖头，距长 4 ～ 6mm。蒴果卵圆形。花果期 7—9 月。生长于海拔 1600m 以下的山坡草地、沟谷、林下、林缘。见于东台、西台、南台、金河沟。

辐状肋柱花 *Lomatogonium rotatum* (L.) Fries ex Nym. 肋柱花属

一年生草本。叶狭长披针形、披针形至线形，无柄；枝及上部叶较小，半抱茎。花 5 数，顶生和腋生，花萼较花冠稍短或等长，花冠淡蓝色，具深色脉纹，基部两侧各具 1 个腺窝，边缘具不整齐的裂片状流苏。蒴果狭椭圆形。花果期 8—9 月。生长于海拔 2200m 左右的亚高山草甸。见于山涧口。

杠柳 *Periploca sepium* Bge. 杠柳属

落叶蔓性灌木。具白色乳汁；茎皮灰褐色；小枝对生，具皮孔。叶卵状长圆形，基部楔形；中脉在叶背微凸起，侧脉每边 20 ～ 25 条；聚伞花序腋生，花萼内面基部有 10 个小腺体，花冠紫红色。蓇葖果 2，具有纵条纹。花果期 6—10 月。生长于海拔 1700m 以下的干旱山坡、沟谷、林下。根皮入药。见于山涧口、金河口次生灌木丛带干旱山坡。

华北白前

Cynanchum hancockianum (Maxim.) Al. Iljin.

白前属

多年生草本。直立。叶对生，薄纸质；侧脉约4对；叶柄顶端腺体成群。伞形聚伞花序腋生；花萼5深裂，内面基部有小腺体5个；花冠紫红色。蓇葖果双生。花果期5—8月。生长于海拔1200～1600m的山坡、田边沟旁、石缝。见于山涧口、金河沟、北台山地草甸。

竹灵消

Cynanchum inamoenum (Maxim.) Loes.

白前属

多年生草本。直立。基部分支丛生，茎上有单列毛。叶薄膜质，阔卵形、卵形或窄卵形。伞形聚伞花序，小花8～10朵，腋生；花萼裂片披针形；花冠黄色。蓇葖果稍弯，长角锥状。花果期5—10月。生长于海拔1600～2000m的沟谷、山地、林下、灌木。见于山涧口、金河沟。

地梢瓜 *Cynanchum thesioides* (Freyn.) K.Schum. 白前属

多年生草本。茎多分支，密被柔毛，有白色乳汁；地下茎单轴横生。单叶对生或近对生，线形，全缘，叶背中脉隆起。伞形聚伞花序腋生；花小，黄白色；花冠钟形，5 深裂，副花冠浅筒形，上部 5 裂。蓇葖果。花果期 5—10 月。生长于海拔 800 ～ 1300m 的沟谷、田埂、山坡、干旱山谷、荒地、田边等处。见于金河口郑家沟，杨家坪辛庄梁。

白首乌 *Cynanchum bungei* Decne. 白前属

蔓性半灌木。具乳汁。单叶对生，卵状心形，基部深心形，两侧呈耳状内弯，全缘。聚伞花序伞房状，腋生；花萼近 5 全裂；花冠辐状，5 深裂；副花冠浅杯状，长于合蕊柱。蓇葖果双生，边缘具狭翅。花果期 6—10 月。生长于海拔 1400m 以下的沟谷、山坡、岩石缝。见于山涧口、金河沟。

鹅绒藤

Cynanchum chinense R. Br.

白前属

多年生草本。缠绕。全株被短柔毛。叶对生，薄纸质，宽三角状心形，基部心形。伞状聚伞花序腋生；花冠白色，辐状，5 深裂；副花冠杯状，外轮 5 浅裂，裂片间具 5 条丝状体。蓇葖果圆柱形，顶端具白绢状种毛。花果期 6—10 月。生长于海拔 1300m 以下的阳坡、沟谷、田埂、沟渠。见于山涧口、金河口、辉川等地村舍周围。

萝藦

Metaplexis japonica (Thunb.) Makino

萝藦属

多年生草质藤本。缠绕。有乳汁。单叶对生，卵状心形，膜质；总状聚伞花序；花冠白色，有淡紫红色斑纹，近辐状，5 裂。果双生，纺锤形；种子具白色绢质种毛。花果期 6—10 月。生长于海拔 1700m 以下的荒地、山脚、河边、路旁灌木丛中。见于山涧口、金河口章家窑周边。

圆叶牵牛 *Pharbitis purpurea* (L.) Viogt. 牵牛属

一年生草本。缠绕。叶全缘，两面疏或密被刚伏毛。花腋生，单一或2～5朵着生于花序梗顶端成伞形聚伞花序；苞片线形，被开展的长硬毛；花冠漏斗状，紫红色、红色或白色，花冠管通常白色。蒴果近球形，3瓣裂。花期6—9月，果期9—10月。生长于海拔1200m左右的路边、野地、山谷。种子入药。见于山涧口、杨家坪北沟、金河口章家窑。

田旋花 *Convolvulus arvensis* L. 旋花属

多年生草质藤本。根状茎横走。叶片戟形或箭形，全缘，先端有小突尖头。花1～3朵腋生；花梗细弱；苞片线形，与萼远离；花冠漏斗形，粉红色或白色。蒴果。花果期7—9月。生长于海拔1200m以下的荒坡草地、村边路旁。见于金河口章家窑、辉川等地。

打碗花 *Calystegia hederacea* Wall. ex Roxb. 打碗花属

多年生草质藤本。茎平卧，有细棱。叶长圆形，基部戟形，上部叶片 3 裂。花腋生，苞片宽卵形；花冠淡紫色或淡红色，钟状，冠檐近截形或微裂。蒴果卵球形。花期 7—9 月，果期 8—10 月。生长于海拔 1300m 以下的田边、荒地。见于山涧口、金河口章家窑村舍附近。

日本菟丝子 *Cuscuta japonica* Choisy 菟丝子属

一年生寄生草本。茎攀缘性，丝状光滑，淡黄色，以吸器附着寄主生存。花多数，簇生成球状，具有极短的柄，花萼 5 裂，与花冠近等长；花冠 5 裂，短钟形。蒴果球形。常寄生于灌木和草丛上。见于金河口章家窑村舍附近。

花荵 *Polemonium coeruleum* L. 花荵属

多年生草本。羽状复叶互生，小叶全缘，无柄。聚伞圆锥花序；花萼钟状；花冠紫蓝色，钟状。蒴果卵形。花期6—8月，果期7—9月。生长于海拔1400～1800m的沟谷边、山坡草甸、山谷疏林、溪流附近湿处。见于东台、西台、南台及其附近的阔叶林带。

砂引草 *Messerschmidia sibirica* L. ssp. *angustior* (DC.) Kitag. 砂引草属

多年生草本。全株被白色长柔毛。叶近无柄，狭矩圆形至条形。聚伞花序伞房状；花萼5深裂，裂片披针形；花冠白色，漏斗状，裂片5。果实椭圆状球形，有4钝棱。生长于海拔800～1300m的山坡路边。见于山涧口、金河口上寺等地。

卵盘鹤虱

Lappula redowskii (Horn.) Green

鹤虱属

一年生草本。茎常单生，小枝密被灰色糙毛。叶线形或狭披针形，较密，两面有具基盘的长硬毛。花序生于茎或小枝顶端；花萼5深裂，裂片线形；花冠蓝紫色至淡蓝色，钟状，喉部缢缩，附属物生花冠筒中部以上。小坚果具颗粒状突起。生长于海拔900～1300m的荒地、草原、沙地及干旱山坡等处。见于杨家坪北沟、辉川、金河口郑家沟。

斑种草

Bothriospermum chinense Bge.

斑种草属

一年生草本。茎自基部分支，有倒贴的短糙毛。基生叶及茎下部叶具长柄，中部及上部叶无柄，叶表面被毛。花冠淡蓝色，裂片圆形，喉部有5个先端深2裂的梯形附属物。小坚果肾形。生长于海拔900～1400m的荒地、路边、丘陵草坡、田边、向阳草甸。见于金河口章家窑、杨家坪北沟、山涧口。

附地菜 *Trigonotis peduncularis* (Trev.) Benth. ex Baker et Moore 附地菜属

一年生草本。茎通常自基部分支，纤细。叶互生，匙形、椭圆形或披针形，基部狭窄，两面均具平伏粗毛。螺旋状聚伞花序；花冠蓝色，花序顶端呈旋卷状。小坚果4枚，呈四面体形。花果期5—7月。生长于海拔1200m左右的丘陵草地、平原、田间、林缘或荒地。见于金河口郑家沟、章家窑。

钝萼附地菜 *Trigonotis amblyosepala* Nakai. et Kitag. 附地菜属

一年生或二年生草本。茎基部多分支，被短伏毛。基生叶密集，有长柄，匙形或狭椭圆形，茎上部叶较短而狭。总状花序顶生；花萼5深裂；花冠蓝色，5裂，喉部黄色，有5附属物。小坚果4，呈四面体形。花果期5—7月。生长于海拔1200m以下的山坡草地、林缘、灌木丛或田间、荒野。见于山涧口、上寺。

勿忘草

Myosotis silvatica (Ehrh.) Hoffm.

勿忘草属

多年生草本。具匍匐根茎，全株有糙毛。叶两面有糙毛；基生叶匙形，基部渐狭延长成叶柄；茎下部叶倒披针形，中部以上叶无柄。总状花序顶生；花萼5深裂；花冠蓝色，喉部黄色，有5个附属物。小坚果黑色。花期6—7月，果期8—9月。生长于海拔1900m左右的沟谷、湿地、山坡草甸、山地林下。见于山涧口、南台、西台、金河沟。

荆条

Vitex negundo L. var. *heterophylla* (Franch.) Rehd.

牡荆属

一年生草本。茎自基部分支，有倒贴的短糙毛。基生叶及茎下部叶具长柄，中部及上部叶无柄，叶表面被毛。花冠淡蓝色，裂片圆形，喉部有5个先端深2裂的梯形附属物。小坚果肾形。生长于海拔900～1400m的荒地、路边、丘陵草坡、田边、向阳草甸。见于金河口章家窑、杨家坪北沟、山涧口。

白苞筋骨草 *Ajuga lupulina* Maxim. 筋骨草属

多年生草本。具地下走茎。茎四棱形，具槽。叶纸质，披针状圆形，被白色长柔毛。轮伞花序组成穗状聚伞花序；苞叶大，向上渐小。花冠白、白绿或白黄色，具紫色斑纹，狭漏斗状，冠檐二唇形。小坚果。花期7—9月，果期8—10月。生长于海拔1600～2500m的阳坡、高山草甸、陡坡石缝中。见于西台亚高山草甸及针阔混交林带的向阳山坡。

水棘针 *Amethystea caerulea* L. 水棘针属

一年生草本。茎四棱形，被疏柔毛或微柔毛。叶纸质或近膜质，3深裂。圆锥花序；花萼钟形，外被乳头状突起及腺毛，具10脉，萼齿5；花冠蓝色或紫蓝色，冠檐二唇形，上唇2裂，下唇3裂。小坚果。花期8—9月，果期9—10月。生长于海拔1400m以下的沟谷、田边旷野、河岸沙地、开阔路边及溪旁。见于杨家坪西河槽、金河沟。

北京黄芩 *Scutellaria pekinensis* Maxim. 黄芩属

一年生草本。叶卵形或三角状卵圆形，具浅而钝的 2 ～ 10 对牙齿缘。顶生总状花序；花对生；花萼长约 3mm，盾片高 1.5cm；花冠蓝紫色。小坚果卵形，栗色或黑栗色。花期 6—8 月，果期 7—9 月。生长于海拔 1300 ～ 1800m 处的石坡、潮湿谷地、林下。见于金河沟阴湿之处。

黄芩 *Scutellaria baicalensis* Georgi 黄芩属

多年生草本。叶坚纸质，披针形至线状披针形，全缘，背面密被下陷的腺点；顶生总状花序；花萼盾片高 1.5mm，果时 4mm；花冠紫、紫红至蓝色，外面密被具腺短柔毛，冠檐 2 唇形。小坚果卵球形。花期 7—8 月，果期 8—9 月。生长于海拔 1500m 以下的阳坡、山坡、林缘、路旁。根入药。见于山涧口，金河沟郑家沟、金河沟、章家窑。

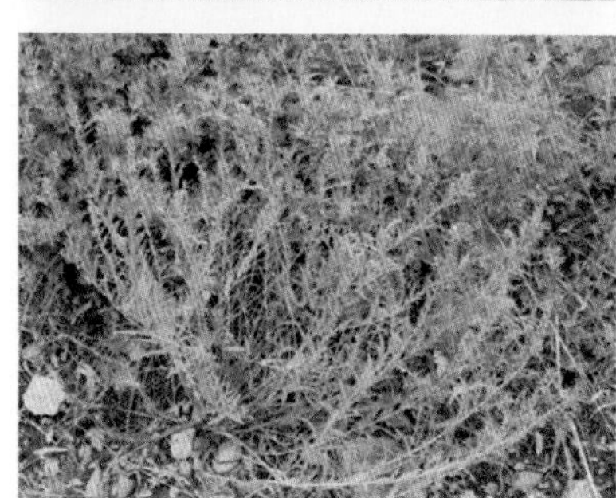

并头黄芩 *Scutellaria scordifolia* Fisch. ex Schrank 黄芩属

多年生草本。茎四棱形，不分支。叶片三角状狭卵形或披针形，近无柄，边缘具浅锐牙齿。花单生叶腋；花时花萼盾片高 1mm，果时盾片高 2mm；花冠蓝紫色，冠檐 2 唇形。小坚果具瘤状突起。花期 6—8 月，果期 8—9 月。生长于海拔 1700m 以下的阳坡草地、山地草甸、林缘、林下、撂荒地及路旁。见于金河口郑家沟、金河沟、章家窑，山涧口。

夏至草 *Lagopsis supina* (Steph.) Ikonn.-Gal. ex Knorr. 夏至草属

多年生草本。茎四棱形，具沟槽。叶 3 深裂，脉掌状，3 ～ 5 出。轮伞花序，花萼管状钟形；花冠白色，冠檐二唇形。小坚果长卵形。花期 3—4 月，果期 5—6 月。生于路旁、旷地上。见于杨家坪周边、金河口郑家沟。

藿香

Agastache rugosa (Fisch. et Mey.) O. Ktze.

藿香属

多年生草本。茎四棱形。叶心状卵形至长圆状披针形，纸质，先端尾状长渐尖，基部心形边缘具粗齿。轮伞花序多花，花冠淡紫蓝色，唇形。小坚果卵状长圆形。花期6—9月，果期9—11月。生长于海拔800～1400m的林缘、灌草丛、荒地、河滩。见于山涧口、金河口郑家沟沟口，杨家坪分沟。

多裂叶荆芥

Schizonepeta multifida (L.) Briq.

裂叶荆芥属

多年生草本。茎下部叶浅裂，上部叶羽状深裂，基部截形至心形，裂片线状披针形至卵形，全缘或具疏齿。轮伞花序组成顶生穗状花序；花萼紫色，萼齿5；花冠蓝紫色，上唇2裂，下唇3裂。小坚果扁卵圆形。花期7—9月，果期9—10月。全株含芳香油，可制香皂用。生长于海拔1300～1600m的林下、山坡、路旁、干草原或湿草甸子边。见于山涧口、金河口郑家沟。

香青兰　*Dracocephalum moldavica* L.　青兰属

一年生草本。茎叶极芳香。基生叶卵圆状三角形，基部心形，具疏圆齿；茎生叶披针形，基部圆形，两面脉上疏被小毛及黄色小腺点，边缘三角形牙齿或疏锯齿。轮伞花序，节上通常具4花；花冠淡蓝紫色，冠檐二唇形。小坚果长圆形。花期7—8月，果期8—9月。生长于海拔1500m以下的干燥山地、山谷、河滩、荒地。见于山涧口、赤崖堡、金河沟。

岩青兰　*Dracocephalum rupestre* Hance　青兰属

多年生草本。茎不分支，四棱形。叶三角状卵形，边缘具圆锯齿。轮伞花序密集，通常成头状；花萼常带紫色；花冠紫蓝色，下唇中裂片较小。小坚果。花期7—8月，果期8—9月。生长于海拔1600～2800m的草地、疏林、林缘、草甸。见于山涧口、金河口阔叶林带阳坡草地或林缘。

大叶糙苏 *Phlomis maximowiczii* Regel 糙苏属

多年生草本。茎四棱，多分支。叶阔卵形，边缘锯齿状；叶片薄纸质。轮伞花序多花，有总梗；花萼管状，外面被平展的具节刚毛，齿截状；花冠粉红色，冠檐二唇形。花期7—8月，果期8—9月。生长于海拔1600m以下的林缘、沟谷、草坡。果可榨油。见于山涧口、金河沟、郑家沟等地。

串铃草 *Phlomis mongolica* Turcz. 糙苏属

多年生草本。根木质，粗厚。叶卵状三角形至三角状披针形，基部心形，边缘为圆齿状。轮伞花序多花且密集；苞片线状钻形，先端刺状；花冠紫色，冠檐二唇形。小坚果顶端被毛。花期6—9月，果期8—10月。生长于海拔1200m左右的田埂、草地、荒地。见于山涧口、金河沟。

益母草 *Leonurus artemisia* (Lour.) S. Y. Hu 益母草属

一年生或二年生草本。茎直立，钝四棱形，有倒向糙伏毛。叶掌状 3 裂，裂片长圆状菱形至卵圆形；轮伞花序腋生，具花 8 ～ 15，小苞片刺状；花萼管状钟形；花冠粉红至淡紫红色，冠檐二唇形。小坚果。花期 6—9 月，果期 9—10 月。生长于海拔 800 ～ 1300m 的荒地、路旁、田埂、山坡草地。见于金河沟章家窑、杨家坪村舍附近。

细叶益母草 *Leonurus sibiricus* L. 益母草属

一年生或二年生直立草本。茎具短而贴生的糙伏毛。叶掌状三全裂，裂片呈狭长圆状菱形。轮伞花序轮廓圆形，下有刺状苞片；花萼筒状钟形，5 齿；花冠粉红至紫红色，花冠筒内有毛环，檐部二唇形。小坚果矩圆状三棱形。花期 7—9 月，果期 9 月。生长于海拔 800 ～ 1300m 的田埂、荒地、石质及砂质草地上。见于山涧口，金河口郑家沟、章家窑、金河沟。

风轮菜

Clinopodium chinense (Benth.) O. Ktze.

风轮菜属

多年生草本。茎多分支，四棱形，密被短柔毛。叶对生，叶片卵圆形，边缘具锯齿，被疏柔毛；侧脉 6 或 7 对，正面微凹陷、背面明显隆起。轮伞花序，半球形，花冠淡紫色。花期 6—8 月，果期 8—10 月。生长于海拔 1200m 左右的山坡、草丛、路边、沟边、灌木丛。嫩叶可食用，地上部入药。见于山涧口、杨家坪分沟、金河口郑家沟。

百里香

Thymus mongolicus Ronn.

百里香属

半灌木。茎多数，匍匐或上升。叶卵圆形，先端钝或稍锐尖，基部楔形或渐狭，全缘，侧脉 2 或 3 对，背面微突起。花序头状，花萼管状钟形，花冠淡紫色，二唇形，下唇 3 裂。小坚果卵圆形。花期 5—8 月，果期 9 月。生长于海拔 1300m 以下的山谷、林间空地、田埂、荒地、河滩。见于山涧口、辉川、金河口郑家沟等地。

薄荷 *Mentha haplocalyx* Briq. 薄荷属

多年生草本。茎直立，锐四棱形，具四槽。叶对生，卵状披针形，边缘疏生粗大的牙齿状锯齿，侧脉5或6对。轮伞花序腋生；花萼管状钟形，萼齿5；花冠淡紫，冠檐4裂。小坚果卵圆形，具小腺窝。花期7—9月，果期10月。生长于海拔800～1600m的沟谷、湿地、河旁、湿润草地。地上部入药。见于金河口章家窑、杨家坪西河槽阴湿之处。

密花香薷 *Elsholtzia densa* Benth. 香薷属

多年生草本。茎自基部多分支，茎及枝均四棱形，具槽。叶长圆状披针形至椭圆形，边缘有锯齿。轮伞花序，花多密集组成长的穗状花序；花萼钟状，密被紫色串珠状长柔毛；花冠淡紫色，唇形。小坚果顶端具小瘤。花果期7—9月。生长于海拔1800～2100m的林中、林缘、高山草甸及山坡荒地。见于金河沟、赤崖堡。

香薷

Elsholtzia ciliata (Thunb.) Hyland

香薷属

多年生草本。直立。茎通常自中部以上分支，钝四棱形，具槽。叶卵形或椭圆状披针形，基部楔状下延成狭翅，边缘具锯齿。穗状花序，由多花的轮伞花序组成，偏向一侧；苞片先端具芒状突尖；花萼钟形，花冠淡紫色。小坚果长圆形，棕黄色。花期7—8月，果期8—9月。生长于海拔1200m左右的路旁、山坡、荒地、林内、河滩。见于山涧口、赤崖堡。

蓝萼香茶菜

Rabdosia japonica (Burm.f.) Hara var. *glaucocalyx* (Maxim.) Hara

香茶菜属

多年生草本。茎四棱形，具4槽及细条纹。叶阔卵形，对生，先端具卵形的顶齿，边缘有粗大具硬尖头的钝锯齿。聚伞花序；花萼钟形，外密被灰白毛茸，萼齿5；花冠淡紫、紫蓝至蓝色，上唇具深色斑点，冠檐二唇形。小坚果卵状三棱形。花果期6—9月。生长于海拔2000m以下的山坡、路旁、林缘、林下及草丛中。见于金河沟、杨家坪北沟。

枸杞 *Lycium chinense* Mill. 枸杞属

灌木。枝条有纵条纹，具刺。叶长椭圆形或卵状披针形，纸质，单叶互生或 2 ～ 4 枚簇生，顶端急尖，基部楔形。花在长枝上单生或双生，在短枝上簇生；花冠漏斗状，淡紫色，裂片边缘有缘毛。浆果红色，卵状。花果期 6—10 月。生长于海拔 1000 ～ 1300m 的山坡、荒地、丘陵地、路旁、村边宅院。根皮入药。见于山涧口、金河口管理区院内及章家窑村舍附近。

曼陀罗 *Datura stramonium* L. 曼陀罗属

一年生草本。叶互生，上部呈对生状，宽卵形，基部不对称楔形，有不规则波状浅裂。花单生，有短梗；花萼筒状，筒部有 5 棱角，5 浅裂；花冠漏斗状，白色或淡紫色，檐部 5 浅裂。蒴果表面有坚硬针刺。花期 6—10 月，果期 7—11 月。生长于海拔 800 ～ 1100m 的田间、沟旁、道边、河岸、山坡等地。观赏。见于金河口管理区附近村舍、杨家坪周边。

龙葵 *Solanum nigrum* L. 茄属

一年生草本。直立。叶卵形，先端渐尖，基部广楔形，下延至叶柄。蝎尾状花序；萼浅杯状，5裂；花冠白色，5深裂，裂片轮状伸展。浆果球形，熟时黑色。花期6—9月，果期8—10月。生长于海拔1200m以下的田边、荒地及村舍附近。见于金河口管理区附近村舍、杨家坪辛庄梁。

青杞 *Solanum septemlobum* Bge. 茄属

多年生草本或灌木状。直立。茎具棱角。叶互生，卵形，通常7裂，裂片卵状长圆形至披针形，全缘或具尖齿。二歧聚伞花序；萼杯状，5裂；花冠青紫色，花冠筒隐于萼内。浆果近球状，熟时红色。花期6—7月，果期8—9月。生长于海拔900～1100m的山坡向阳处。见于金河口管理区附近村舍、杨家坪周边。

天仙子

Hyoscyamus niger L.

天仙子属

二年生草本。有特殊臭味，茎被白色腺毛。基生叶长卵形，羽状浅裂，两面被白色直立长柔毛及腺毛；茎生叶互生，排列较密，无柄，成2列状。花腋生；萼杯状，五齿状浅裂；花冠漏斗状，5浅裂，浅黄色，具紫色网状脉纹。蒴果。生长于海拔1200～1500m的林边、田野、路旁等处。成熟种子入药。见于山涧口、赤崖堡。

挂金灯

Physalis alkekengi L. var. *franchetii* (Mast.) Makino

酸浆属

多年生草本。茎直立，有纵棱，茎节膨大。叶互生。花5基数，单生于叶腋内，每株5～10朵；花萼绿色，5浅裂，花后膨大呈卵囊状，薄革质，成熟时橙红色或火红色；花冠辐射状，白色。萼内浆果橙红色。花期6—8月，果期9—10月。生长于海拔1200m以下的田野、沟边、山坡、草地。干燥宿萼或带果的宿萼入药。见于山涧口、金河口管理区附近。

阴行草

Siphonostegia chinensis Benth.

阴行草属

一年生草本。叶对生，广卵形，厚纸质，二回羽状全裂，裂片狭线形，基部下延。总状花序；花冠二唇形，上唇微带紫色、下唇黄色。蒴果披针状矩圆形。花期 7—8 月，果期 8—9 月。生长于海拔 1200 ～ 1600m 的山坡、丘陵、草丛等处。全草入药。见于金河口农田果林带、杨家坪杏林。

大黄花

Cymbaria dahurica L.

大黄花属

多年生草本。植株银灰白色，密被白色绵毛。叶对生，披针形、线状披针形至线形，具小尖头。花 1 ～ 4 朵呈短总状花序；花冠黄色，二唇形，上唇先端 2 裂，下唇 3 裂，裂口后面有褶襞 2 条。蒴果。花期 5—7 月，果期 7—9 月。生长于海拔 800 ～ 1300m 的黄土坡。见于山涧口、金河口章家窑。

山萝花 *Melampyrum roseum* Maxim. 山萝花属

一年生草本。茎直立。全株疏被鳞片状短毛。茎四棱形，多分支。叶对生，卵状披针形，先端渐尖，基部圆钝或楔形。顶生总状花序；花萼钟状，常被糙毛；花冠红色或紫红色，筒部长为檐部的2倍，上唇风帽状，2齿裂，下唇3齿裂。蒴果，室背两裂。生长于海拔1300～1500m的山坡、疏林、灌木丛和高草丛中。见于金河沟、山涧口。

小米草 *Euphrasia pectinata* Ten. 小米草属

一年生草本。茎直立，不分支或下部分支，被白色柔毛。叶与苞叶无柄，卵形至卵圆形。花序长3～15cm，初花期短而花密集，逐渐伸长至果期果疏离；花冠白色或淡紫色。蒴果长矩圆状。花期7—8月，果期8—9月。生长于海拔800～2600m的阴坡草地、沟谷及灌木丛中。见于山涧口斗根岭；金河口郑家沟、金河沟，西台。

疗齿草

Odontites serotina (Lam.) Dum.

疗齿草属

一年生草本。全株被贴伏而倒生的白色细硬毛。茎上部分支，四棱形。叶对生，披针形至条状披针形。穗状花序顶生，花冠紫色、紫红色或淡红色，外被白色柔毛。蒴果长圆形，上部被细刚毛。花期7月，果期8—9月。生长于海拔2000～2800m的阴湿草地、草甸。见于东台、南台等地的阴湿之处。

轮叶马先蒿

Pedicularis verticillata L.

马先蒿属

多年生草本。根茎端有膜质鳞片数对。叶长圆形至线状披针形，羽状深裂至全裂，裂片线状长圆形至三角状卵形，具不规则缺刻状齿，齿端常有多少白色胼胝。总状花序；花萼球状卵圆形，常紫红色，口部收缩；花冠紫红色。蒴果。花期7—8月，果期9—10月。生长于海拔1500～2000m的林间空地、林缘。观赏。见于山涧口、西台、金河口等地的阔叶林缘阴湿之处。

穗花马先蒿 *Pedicularis spicata* Pall. 马先蒿属

一年生草本。基生叶花时已枯，茎生叶4枚轮生；叶片长圆状披针形或线状披针形，羽状浅裂至中裂，缘有刺尖及锯齿。穗状花序顶生或下部间断生于叶腋成花轮；萼钟形，膜质透明；花冠紫红色。蒴果，狭卵形。花期7—8月，果期9—10月。生长于海拔1400～1800m的山坡草地、林缘。见于山涧口、金河口等地的阔叶林缘阴湿之处。

红纹马先蒿 *Pedicularis striata* Pall. 马先蒿属

多年生草本。茎密被短卷毛。叶互生，羽状深裂至全裂。穗状花序，稠密，轴被密毛；苞片短于花；萼钟形，齿5枚；花冠黄色，具绛红色的脉纹。蒴果卵圆形。花期6—7月，果期8—9月。生长于海拔900～1800m的疏林、草地、干旱山坡。见于金河口郑家沟、山涧口。

返顾马先蒿 *Pedicularis resupinata* L. 马先蒿属

多年生草本。叶互生，膜质至纸质，卵形至长圆状披针形，边缘有钝圆的重齿，齿上有浅色的胼胝或刺状尖头，常反卷。总状花序；苞片叶状；花萼长卵圆形，萼齿 2，宽三角形；花冠淡紫红色，自基部起向右扭旋，使下唇及盔部成为回顾之状。蒴果斜长圆状披针形。花期 6—8 月，果期 8—9 月。生长于海拔 1200 ～ 1600m 的灌木林缘、沟谷、草地。见于山涧口。

中国马先蒿 *Pedicularis chinensis* Maxim. 马先蒿属

一年生草本。叶基生，披针状长圆形至线状长圆形，羽状浅裂至半裂。花序常占植株的大部分，花梗短，萼管状，生有白色长毛；花冠黄色，盔直立部分稍向后仰。蒴果圆状披针形，背缝线较急剧地弯向下方。花期 7—8 月，果期 8—9 月。生长于海拔 1700 ～ 1900m 的沟谷、草地、林缘、水边。见于东台、西台、南台等地的阔叶林带及林草交错带。

地黄 *Rehmannia glutinosa* (Gaertn.) Libosch. ex Fisch. et Mey. 地黄属

多年生草本。密被灰白色长柔毛和腺毛。叶在茎基部集成莲座状，向上缩小成苞片在茎上互生；叶片卵形至长椭圆形。总状花序；花萼钟状，萼齿 5；花冠筒状而弯曲，紫红色，裂片 5。蒴果。花期 4—5 月，果期 6 月。生于荒山坡、山脚、墙边、路旁等处。块根入药。见于杨家坪辛庄梁、山涧口、辉川等地。

细叶婆婆纳 *Veronica linariifolia* Pall. ex Link 婆婆纳属

多年生草本。全株密被白色绵毛而呈灰白色。叶对生，上部的偶互生；叶片宽线形、椭圆状披针形至椭圆状卵形，正面灰绿色，背面灰白色；上部叶较小渐无柄。总状花序长穗状，花梗极短；花冠蓝紫色至白色，4 裂；雄蕊 2，伸出花冠。蒴果卵球形，被毛。花期 6—8 月，果期 8—9 月。生长于海拔 800 ～ 1300m 的沟谷、草地、荒地。见于山涧口、金河沟。

水苦荬 *Veronica undulata* Wall. 婆婆纳属

多年生草本。花及蒴果被腺毛。叶椭圆形或长卵形，无柄，上部的半抱茎。总状花序，花梗在果期挺直，与花序轴几成直角；花冠淡蓝紫色或白色。蒴果与萼等长。花期6—9月，果期9—10月。生长于海拔900～1600m的水边湿地、浅水、沟谷。嫩苗可食。见于金河口章家窑村舍水湿之处、杨家坪西河槽。

草本威灵仙 *Veronicastrum sibiricum* (L.) Pennell 腹水草属

多年生草本。叶3～8轮生，长圆形至宽条形，无柄，边缘有三角状锯齿。花序顶生，长尾状；花萼5深裂，裂片广披针形；花冠红紫色、紫色或淡紫色，4裂，筒内被毛。蒴果卵状圆锥形，两面有沟。花期6—8月。生长于海拔1200～1600m的沟谷、阴坡、林间空地。见于杨家坪北沟、山涧口等地。

角蒿 *Incarvillea sinensis* Lam. 角蒿属

一年生草本。茎具细条纹和微毛。基部叶对生，上部叶互生，二至三回羽状深裂或全裂。总状花序顶生；花红色，花冠二唇形，内侧有时具黄色斑点。蒴果长角状弯曲，先端细尖。花期5—8月，果期6—9月。生长于海拔1500m以下的山坡、田野、荒地。见于山涧口、杨家坪、金河口村舍附近。

黄花列当 *Orobanche pycnostachya* Hance 列当属

寄生草本。植株密被腺毛。茎圆柱形，常不分支，基部常膨大，黄褐色。叶鳞片状，卵状披针形。穗状花序顶生，密生腺毛；花冠淡黄色，有时为白色，二唇形。蒴果。花期6—8月，果期7—9月。生长于海拔1400m以下的坡地，常寄生于蒿属植物。见于金河口郑家沟、章家窑，杨家坪辛庄梁，北台山地草甸。

列当 *Orobanche coerulescens* Steph. 列当属

寄生草本。植株被蛛丝状绵毛。茎不分支，圆柱形，黄褐色，基部常膨大。叶鳞片状，卵状披针形；穗状花序顶生；花冠二唇形，蓝紫色或淡紫色；上唇宽，顶端微凹，下唇3裂。蒴果卵状椭圆形。花期6—8月，果期8—9月。生长于海拔1600m以下的阳坡、荒地、山坡、沟边草地。见于金河口章家窑附近山坡、杨家坪辛庄梁。

牛耳草 *Boea hygrometrica* (Bge.) R. Br. 牛耳草属

多年生草本。叶基生，呈莲座状，背面密被白毛，无柄；叶厚，近革质；叶片圆卵形，基部略狭成楔形，边缘具齿或波状。花葶1～5，被短腺毛；聚伞花序有2～5朵花；花冠淡蓝紫色，二唇形。蒴果线形，成熟时螺旋状扭曲。花期7—8月，果期8—9月。生长于海拔800～1200m的河沟、阴湿处、石壁缝中。见于杨家坪道边、金河沟。

平车前 *Plantago depressa* Willd. 车前属

多年生草本。主根圆锥状，不分支或根下部稍有分支。叶纸质，基生，椭圆形、椭圆状披针形或卵状披针形，叶柄基部扩大成鞘状。花葶数个；穗状花序；花冠筒状，顶部4裂，淡绿色。蒴果圆锥状膜质。花期6—7月，果期7—9月。生长于海拔800～2500m的草地、河滩、沟边、草甸及路旁。全草入药，幼株可食用。见于山涧口、金河口郑家沟、杨家坪等地。

大车前 *Plantago major* L. 车前属

多年生草本。根状茎短粗，具须根。叶基生呈莲座状；叶草质、薄纸质或纸质，宽卵形至宽椭圆形，叶柄明显长于叶片。穗状花序；花密生；苞片较萼裂片短，均有绿色龙骨状突起；花冠白色，无毛，花后反折。蒴果。花期6—8月，果期7—9月。生长于海拔1100～1600m的草地、草甸、河滩、沟边、沼泽地、山坡路旁、田边或荒地。见于金河沟、山涧口。

车前 *Plantago asiatica* L. 车前属

多年生草本。根茎短缩肥厚，密生须状根。叶基生，纸质，宽卵形至宽椭圆形，表面平滑，边缘波状，间有不明显钝齿，主脉五条。穗状花序细圆柱状；苞片狭卵状三角形；萼片先端钝圆或尖，龙骨突不延至顶端；花冠白色，无毛，冠筒与萼片等长。蒴果。生长于海拔800～1500m的山野、路旁、河边、草丛。见于金河口郑家沟、金河沟。

茜草 *Rubia cordifolia* L. 茜草属

多年生草本。攀缘茎。茎4棱，蔓生，多分支，茎棱、叶齿、叶缘和背面中脉上都生有倒刺。叶常4片轮生，长卵形至卵状披针形。聚伞花序圆锥状；花冠淡黄白色，辐状，5裂。果实肉质，双头形，成熟时红色。花期7月，果期9月。生长于海拔1300m以下的林缘、路旁、荒地、田埂。根、根茎入药。见于山涧口、杨家坪周边地埂、金河口章家窑附近。

少花猪殃殃 *Galium pauciflorum* Bge. 猪殃殃属

多年生草本。茎细弱，具刺毛。6叶轮生，倒卵形或狭披针形，先端钝，有微凸头。花腋生，具长梗，单生或成对。果实双头形，具钩刺。花期7月，果期8—9月。生长于海拔1200～1500m的山坡、林下、灌木丛。见于金河口郑家沟。

光果猪殃殃 *Galium spurium* L. 猪殃殃属

多年生草本。蔓生或攀缘茎。基部节处生根。茎4棱，上有钩刺。叶6～8片轮生，倒披针形或线形，边缘有毛，具1脉。圆锥花序，花较密；花冠白色；花梗短。果实双头形，椭圆状，上有小突起。花期7月，果期8—9月。生长于海拔1200～1800m的山坡、砾石滩。见于金河口郑家沟。

北方拉拉藤　*Galium boreale* L.　猪殃殃属

多年生草本。叶无柄，4叶轮生，卵形或披针形，大小变异甚大，基部3～5主脉。聚伞花序，多花，花梗短；花冠白色。果实双头形，生有具钩的软毛。花期7月，果期9月。生长于海拔800～1400m的林下、山坡、沟旁、灌木丛。见于山涧口、金河沟、郑家沟。

线叶猪殃殃　*Galium linearifolium* Turcz.　猪殃殃属

多年生草本。茎直立，无刺毛。叶4片轮生，狭线形，比节间长，1脉，边缘向后反卷。聚伞花序顶生或生上部叶腋；花冠白色。果实2个，仅1个发育，无刺毛。花期7月，果期9月。生长于海拔800～1200m的沟谷、林下、草地、林缘。见于山涧口。

蓬子菜

Galium verum L.

猪殃殃属

多年生草本。茎4棱，无倒钩刺。叶6～10片轮生，线形，边缘外卷，中脉1，隆起。圆锥花序具多花；花冠黄色。果实双头形。花期7月，果期8—9月。生长于海拔1400m以下的山坡、旷野、路旁草丛、沟谷。见于山涧口、赤崖堡、上寺、金河口郑家沟。

薄皮木

Leptodermis oblonga Bge.

野丁香属

灌木。小枝灰色至淡褐色，表皮常片状剥落。叶对生，全缘，椭圆状卵形至长椭圆形；叶柄短而狭。花无柄，数朵集合成头状；花冠长漏斗形，5裂，紫色。蒴果椭圆形；种子有网状脉纹。花期6—7月，果期9月。生长于海拔1300～1600m的山坡、路边、林缘。观赏。见于山涧口、金河口章家窑附近山坡。

锦带花 *Weigela florida* (Bge.) A. DC. 锦带花属

落叶灌木。芽具3或4对鳞片。叶矩圆形、椭圆形至倒卵状椭圆形，基部阔楔形至圆形，边缘有锯齿；叶正面疏生短柔毛，背面密生短柔毛或绒毛。花单生或聚伞花序；萼筒长圆柱形；花冠紫红色或玫瑰红色。蒴果具短喙，2瓣开裂。花期4—6月，果期8—9月。生长于海拔800～1200m的湿润沟谷或半阴处。观赏。见于金河沟。

蓝靛果忍冬 *Lonicera caerulea* L. var. *edulis* Regel 忍冬属

落叶灌木。小枝紫褐色，髓心充实，冬芽有2个舟形鳞片。叶卵状长圆形或披针形，全缘，具睫毛。苞片比萼筒长2或3倍，小苞片合生成坛状壳斗，熟时肉质；花冠黄白色，筒状漏斗形，基部浅囊状。浆果球形或椭圆形，深蓝色。花期5—6月，果期7—8月。生长于海拔1600～1800m的山坡、林缘或高山林下。见于山涧口、金河口等地的亚高山针阔混交林带。

华北忍冬 *Lonicera tatarinowii* Maxim. 忍冬属

落叶灌木。冬芽具7或8对具尖头的芽鳞。叶卵状长圆形，先端渐尖，基部宽楔形或圆形，正面叶脉凸出。总花梗长1～2mm；苞片与萼筒近等长，小苞片合生成杯形，具缘毛；花萼5裂，三角状披针形；唇形花冠暗紫色，基部微浅囊状。浆果红色。花期5—6月，果期9月。生长于海拔1600m以下的山坡杂木林或灌木丛中。观赏。见于山涧口、金河口。

金花忍冬 *Lonicera chrysantha* Turcz. ex Ledeb. 忍冬属

落叶灌木。冬芽有数对鳞片，具睫毛。叶菱状卵形或菱状披针形，基部楔形，全缘，具睫毛；总花梗长1.5～2.3cm；苞片线形，边缘具睫毛。花黄色，花冠筒部一侧浅囊状，上唇4浅裂。浆果红色。花期6月，果期9月。生长于海拔1600m左右的沟谷、林下或林缘灌木丛中。见于金河口亚高山阔叶林带、大木场正沟。

金银忍冬

Lonicera maackii (Rupr.)Maxim.

忍冬属

落叶灌木。小枝中空。叶卵状椭圆形至卵状披针形，先端锐尖，基部楔形，边缘具睫毛；叶柄长 3 ～ 5mm。花序总梗短于叶柄；苞片线形，小苞片椭圆形，合生，具缘毛；花冠二唇形，白色，后变黄色。浆果暗红色，种子具小凹点。花期 6—8 月，果期 8—10 月。生长于海拔 1600m 左右的林中或林缘溪流附近的灌木丛中。见于山涧口、金河沟。

六道木

Abelia biflora Turcz.

六道木属

落叶灌木。叶长圆形至卵状披针形，基部钝形至楔形，羽状浅裂，边缘有睫毛；叶柄基部膨大，密生刺刚毛。花 2 朵并生于小枝末端；萼 4 裂，疏生短刺刚毛；花冠钟状高脚碟形，白色、淡黄色或带红色，4 裂。瘦果状核果。花期 5—6 月，果期 8—9 月。生长于海拔 1400 ～ 2000m 的山地林下或灌木丛中。见于山涧口、贺家沟、金河沟。

蒙古荚蒾 *Viburnum mongolicum* (Pall.) Rehd. 荚蒾属

落叶灌木。幼枝密被星状毛，老枝灰色无毛。冬芽不具芽鳞。叶宽卵形至椭圆形，基部宽楔形或圆形，边缘有浅齿；叶柄密被星状毛。伞形聚伞花序顶生；萼具5微齿；花冠白色至淡黄色，管状钟形，5裂。核果椭圆形，先红后黑。花期5—6月，果期6—8月。生长于海拔1000～1600m的山坡疏林下、河滩地。见于山涧口、金河沟等地。

鸡树条荚蒾 *Viburnum sargenti* Roehne 荚蒾属

落叶灌木。树皮暗灰褐色，小枝褐色至赤褐色，具明显条棱。单叶对生，具掌状3出脉；叶柄有腺点。伞形聚伞花序顶生，花冠杯状，乳白色，5裂。核果球形，鲜红色。花期5—6月，果期8—9月。生长于海拔1300～1800m的山坡、山谷、林缘。观赏。见于山涧口。

接骨木

Sambucus williamsii Hance

接骨木属

落叶灌木至小乔木。奇数羽状复叶，小叶 5 ～ 7，椭圆形至长圆状披针形，揉碎后有臭味；叶基楔形，边缘有锯齿。圆锥花序；萼筒杯状，三角状披针形；花冠白色至淡黄色，5 裂，向外反卷。浆果状核果，黑紫色或红色。花期 4—5 月，果期 8—9 月。生长于海拔 540 ～ 1600m 的山坡、灌木丛、沟边、路旁、宅边等地。见于山涧口、金河沟等地。

黄花龙牙

Patrinia scabiosaefolia Fisch. ex Link

败酱属

多年生草本。地下茎横走。基生叶长方椭圆形或阔椭圆形，基部近楔形，边缘具锯齿；茎生叶对生，2 或 3 对羽状深裂至全裂，先端窄急尖，边缘具锯齿。聚伞圆锥花序，常 5 ～ 9 集成伞房状，总花梗方形；花冠黄色，花冠管短，上端 5 裂；瘦果长方椭圆状。花期 7—8 月，果期 9 月。生长于海拔 1200 ～ 1600m 的山坡、草丛、林缘。见于金河沟、郑家沟。

糙叶败酱 *Patrinia scabra* Bge. 败酱属

多年生草本。基生叶倒披针形，边缘 2 ～ 4 羽状裂；茎生叶对生，窄卵形，1 ～ 4 对羽状裂，被短糙毛。聚伞花序在顶端集成伞房状；花黄色；花冠管状，基部一侧膨大呈囊状，顶端 5 裂；瘦果长圆柱状。花期 7—8 月，果期 8—9 月。生长于海拔 1000 ～ 1500m 的田埂、疏林地、石质丘陵坡地、石缝或较干燥的阳坡草丛中。见于山涧口，金河口郑家沟、章家窑，赤崖堡。

异叶败酱 *Patrinia heterophylla* Bge. 败酱属

多年生草本。基生叶卵形，3 裂，具长柄；茎生叶对生，下部 2 ～ 4 对羽状全裂，上部 3 全裂，边缘具圆齿状浅裂。聚伞花序伞房状；花冠筒状，筒基有小偏突，5 裂；瘦果长方椭圆形。花期 7—8 月，果期 8—10 月。生长于海拔 800 ～ 1300m 的岩缝中、林间空地、草丛中、路边。见于金河口郑家沟、金河沟，杨家坪道边，赤崖堡。

岩败酱

Patrinia rupestris Juss.

败酱属

多年生草本。基生叶近卵形，花期枯萎；茎生叶对生，卵状长方形，4～7对羽状深裂，近全缘。聚伞花序3～7枝排成伞房状；花黄色；花冠漏斗状，花冠管基部一侧有偏突，上部5裂。瘦果倒卵圆柱状。花期7—8月，果期8—9月。生长于海拔1200～1700m的山坡岩缝、草地、草甸草原、山坡林缘及林下。见于山涧口、赤崖堡。

缬草

Valeriana officinalis L.

缬草属

多年生草本。茎中空，表面具细纵棱，被粗白毛。基生叶具长柄，奇数羽状复叶；茎生叶对生，奇数羽状全裂，呈复叶状。聚伞圆锥花序排成伞房状；花冠粉红色，盛开后渐浅至近白，上部5裂。瘦果卵形，顶端有羽毛状宿萼。花期6—7月，果期7—9月。生长于海拔1000～1700m的沟谷、山坡草地、林下。见于山涧口、金河沟。

华北蓝盆花 *Scabiosa tschiliensis* Grün. 蓝盆花属

多年生草本。基生叶簇生，卵状披针形或椭圆形，叶缘具齿；茎生叶对生，羽状浅裂至深裂。头状花序在茎顶呈聚伞状；总苞具3脉；花萼5裂，刚毛状；花冠蓝紫色，5裂，边花二唇形，中央花筒状。瘦果椭圆形。花果期6—9月。生长于海拔1800～2600m的山坡草地、荒坡、高山草甸。见于山涧口、金河口郑家沟、西台等地。

日本续断 *Dipsacus japonicus* Miq. 川续断属

多年生草本。茎多分支，具棱和沟槽，棱上有粗糙的刺毛。基生叶3裂；茎生叶对生，羽状分裂，背面和叶柄均有刺毛。头状花序球形；花冠紫红色，漏斗状，裂片4。瘦果楔状卵形，有明显4棱。花期8—9月，果期9—10月。生长于海拔800～1600m的山坡草地较湿处或溪沟旁。见于金河口章家窑、杨家坪道边。

赤瓟

Thladiantha dubia Bge.

赤瓟属

落叶草质藤本。茎和叶均被长柔毛状硬毛，卷须不分叉。叶宽卵状心形，基部1对沿叶基弯缺向上展开，边缘有大小不等的锯齿。雌雄异株；花萼裂片披针形，向上反折；花冠黄色，裂片矩圆形，上部反折。果实卵状长圆形，具10个纵纹。花期6—8月，果期8—10月。生长于海拔900～1200m的村边、沟谷、山地草丛、林下空地。见于杨家坪管理区周边地埂。

桔梗

Platycodon grandiflorus (Jacq.) A. DC.

桔梗属

多年生草本。根肉质肥厚，黄褐色。叶互生、近对生或近轮生，卵状披针形，边缘有锐锯齿。花单生于茎顶或数朵生各分支顶端；花萼钟状，裂片5，宿存；花冠蓝紫色，宽钟状，5浅裂。蒴果顶部5瓣裂。花期7—9月，果期9—10月。生长于海拔800m以上山地的阴坡和山梁。观赏；根入药。见于杨家坪分沟。

党参 *Codonopsis pilosula* (Franch.) Nannf. 党参属

多年生草本。茎缠绕，有白色乳汁和特殊气味。叶互生或近对生，卵形或狭卵形，边缘有稀钝齿，波状，两面有毛。花 1 ～ 3 朵生枝端；花冠淡黄绿色，有紫斑，宽钟形，5 浅裂。蒴果圆锥形，萼宿存。花期 7—8 月，果期 9—10 月。生长于海拔 1000m 以上的山沟阴湿处、林下。根入药。见于金河口郑家沟阴坡、杨家坪西河槽。

羊乳 *Codonopsis lanceolata* (Sieb. et Zucc.) Trautv. 党参属

多年生草本。茎缠绕，主茎上有短枝。主茎叶互生；短枝叶 4 枚轮生，正面绿色，背面灰绿色。花单生枝端；花冠黄绿色，有紫斑，宽钟状，5 浅裂，裂片先端反卷。蒴果扁圆锥状。花期 7—8 月，果期 9—10 月。生长于海拔 1200 ～ 1500m 的山地灌木林下、沟边阴湿地区、阔叶林下。见于金河沟、山涧口。

展枝沙参 *Adenophora divaricata* Franch. et Savat. 沙参属

多年生草本。有白色乳汁，根肉质。基生叶早枯；茎生叶常3或4轮生，菱状卵形、宽卵形，无柄，边缘具锯齿。圆锥花序宽塔形；花下垂；花冠蓝紫色，钟状，5浅裂；花柱与花冠近等长。果实卵圆形。花期7—8月，果期9—10月。生长于海拔1400～1600m的林下、灌木丛、草地。见于山涧口、金河沟、杨家坪北沟。

杏叶沙参 *Adenophora hunanensis* Nannf. 沙参属

多年生草本。茎生叶至少下部具柄。叶卵圆形或卵状披针形，基部常楔形，沿叶柄下延。圆锥花序；花冠钟状，蓝紫色，裂片三角状卵形；花盘短筒状。蒴果球状椭圆形；种子具棱。花期7—9月，果期9—10月。生长于海拔2000m以下的山坡草地、林缘草地。见于金河口郑家沟。

石沙参 *Adenophora polyantha* Nakai. 沙参属

多年生草本，根肉质粗厚。茎单一或同根出2茎。基生叶卵圆形，花期枯萎；茎生叶互生，边缘具稀疏锯齿。圆锥花序；花萼裂片5，狭披针形；花冠蓝紫色，钟状。蒴果。花期8—9月，果期9—10月。生长于海拔1000～1800m的山沟、向阳山坡、阔叶林下。见于金河口郑家沟、杨家坪北沟。

紫沙参 *Adenophora paniculata* Nannf. 沙参属

多年生草本。基生叶心形；茎生叶椭圆状卵形、披针状线形或披针形，基部楔形，近全缘；无柄。顶生圆锥花序；花萼裂片5，丝状，长3～4mm；花冠淡蓝紫色或近白色，筒状坛形，5浅裂；花柱伸出花冠很长，柱头3裂。蒴果卵状椭圆形。花期7—8月，果期9—10月。生长于海拔1600～2000m的阴坡林下、山沟阴湿处、荒地。见于杨家坪北沟、金河口金河沟、山涧口。

泽兰

Eupatorium lindleyanum DC.

泽兰属

多年生草本。叶多对生，不分裂或3全裂，基出3脉。头状花序在茎顶排成伞房状；总苞钟状，3层；头状花序具5朵管状花。瘦果黑褐色，5棱，散生黄色腺点；花果期8—10月。生长于海拔900～2000m的林下湿地、阴坡、湿地。地上部入药。见于杨家坪西河槽。

翠菊

Callistephus chinensis (L.) Nees

翠菊属

一年生草本。全株被白色长硬毛。基生叶与茎下部叶花时凋落；叶自下而上渐小，菱状倒披针形，边缘有不规则的粗大锯齿。头状花序单生茎顶，总苞片3层；外围雌花舌状，中部管状花两性；花柱分支三角形，具乳头状毛。瘦果褐色，密被短柔毛。花果期7—10月。生长于海拔1200～1800m的山坡、林缘或灌草丛。观赏。见于山涧口。

阿尔泰狗娃花 *Heteropappus altaicus* (Willd.) Novopokr. 狗娃花属

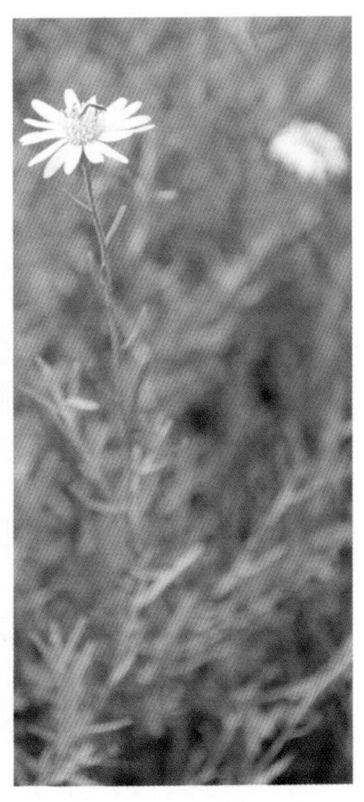

多年生草本。全株被上曲的短毛，常有腺点。基部叶在花期枯萎；叶互生，线形或长圆状披针形，无柄。头状花序单生于枝顶或排成伞房状。总苞片2或3层，被毛和腺体，外层草质，边缘膜质；舌状花淡蓝紫色；管状花黄色。瘦果浅褐色，被绢毛。花果期6—10月。生长于海拔1300m左右的干旱山地、路旁、村舍附近。见于金河口郑家沟、杨家坪道边、山涧口。

狗娃花 *Heteropappus hispidus* (Thunb.) Less. 狗娃花属

二年生草本。叶全缘；茎下部叶狭长圆形；中部叶长圆状披针形；上部叶线形。头状花序在枝顶排成圆锥伞房状；总苞半球形；舌状花30余朵，舌片淡蓝色，管状花多数，黄色。瘦果密被硬毛。花果期7—10月。生长于海拔800～1600m的山野、荒地、林缘和草地。见于金河口章家窑、山涧口沟口、辉川等地。

东风菜 *Doellingeria scaber* (Thunb.) Nees 东风菜属

多年生草本。根状茎短。叶片心形，自下而上渐小，叶基常有具宽翅的柄。头状花序；总苞片3层，边缘宽膜质，有缘毛；外围的1层舌状花10个，白色；中央的管状花多数，黄色。瘦果有5条厚肋。花果期6—10月。生长于海拔1400～1800m的山谷坡地、草地和灌木丛中。见于山涧口、金河口等地的亚高山针阔混交林带。

紫菀 *Aster tataricus* L. 紫菀属

多年生草本。根状茎短，茎有沟棱，被疏粗毛。叶互生，厚纸质，茎下部叶椭圆状匙形，基部渐狭成具翅的柄；中部叶长圆形，上部叶披针形无柄。头状花序排成复伞房状；总苞片边缘宽膜质；舌状花蓝紫色。瘦果紫褐色，有疏粗毛。花果期7—10月。生长于海拔1400～2000m的阴坡湿地、河边草甸及沼泽地。根、根状茎入药。见于山涧口、金河口。

三脉紫菀 *Aster ageratoides* Turcz. 紫菀属

多年生草本。根状茎粗壮。叶互生，纸质，下部叶宽卵圆形；中部叶长椭圆状披针形，边缘具浅齿；上部叶渐小。头状花序在茎顶排成伞房状；总苞半球状；舌状花10余朵，紫色、浅红色或白色；管状花黄色。瘦果灰褐色，被短粗毛。花果期7—12月。生长于海拔800～1600m的山坡、林缘、灌木丛及山谷湿地。见于山涧口、金河沟等地的林缘和灌草丛。

高山紫菀 *Aster alpinus* L. 紫菀属

多年生草本。根状茎粗壮，有莲座状叶。下部叶匙状长圆形，基部渐狭，叶柄具翅；中部和上部叶渐小，长圆状披针形。头状花序单生于茎顶，舌状花30～40朵，舌片紫色或蓝色。瘦果褐色，被密绢毛。花期6—8月，果期7—9月。生长于海拔1800～2800m的山坡、林缘、草甸。见于山涧口、西台附近的阳坡草甸或林缘。

萎软紫菀 *Aster flaccidus* Bge. 紫菀属

多年生草本。根状茎细长。下部叶长圆状匙形；中部叶长圆状披针形，半抱茎；上部叶线形。头状花序单生茎顶；总苞半球形，具腺毛；舌状花 40 ～ 60 朵，舌片紫色，管状花黄色。瘦果具 2 边肋。花果期 6—11 月。生长于海拔 1600 ～ 2400m 的亚高山草甸、林下、林间空地。见于山涧口、西台、南台附近的阔叶林带。

长茎飞蓬 *Erigeron elongatus* Ledeb. 飞蓬属

多年生草本。叶全缘，倒披针形或长圆形；基生叶呈莲座状，基部下延成叶柄，中部以上的叶无柄。头状花序在茎顶集成伞房圆锥状；总苞片 3 层，先端紫色，被腺毛；雌花舌状，淡紫色，两性花管状，黄色。瘦果密被贴生短毛。花果期 7—9 月。生长于海拔 1800 ～ 2600m 的山坡开旷草地、沟边及林缘。见于山涧口、西台、南台等地。

长叶火绒草 *Leontopodium longifolium* Ling 火绒草属

多年生草本。具多数丛生的花茎，全株被银白色密茸毛，根状茎短。叶莲座状丛生，叶正面绒毛不久脱落；苞叶开展形成苞叶群。头状花序密集生于茎顶；总苞片 3 层；花雌雄异株，雄花花冠管状漏斗形，雌花花冠细管状。瘦果有乳头状突起或短粗毛。花果期 7—10 月。生长于海拔 1500 ～ 2200m 的山坡草地、灌木丛、林缘。见于金河口次生灌木丛与针叶林带交错的阳坡。

火绒草 *Leontopodium leontopodioides* (Willd.)Beauv. 火绒草属

多年生草本。茎被灰白色长柔毛或白色绢状毛。叶线状披针形，正面灰绿色被柔毛，背面被白色或灰白色密绵毛，下部叶在花期枯萎宿存；苞叶被白色或灰白色厚茸毛，开展成苞叶群。头状花序 3 ～ 7 个，密集排列；总苞被白色密绵毛。瘦果有乳突。花果期 7—10 月。生长于海拔 1400 ～ 1800m 的草地、荒山坡上。见于山涧口、金河口、南台、西台等地。

铃铃香青　*Anaphalis hancockii* Maxim.　香青属

多年生草本。叶线状长圆形，基部渐狭成具翅的柄，中部以上叶贴附于茎上，两面被蛛丝状毛及头状具柄腺毛。头状花序 9 ～ 15 个，在茎顶排成复伞房状；雌株头状花序有 1 ～ 6 朵雄花和多层雌花；雄株全为雄花。瘦果被密乳头状突起。花期 6—8 月，果期 8—9 月。生长于海拔 2000 ～ 2800m 的亚高山山顶草甸及山坡草地。全株含芳香油；可用作枕垫的填充物。见于东台、西台的亚高山草甸。

欧亚旋覆花　*Inula britanica* L.　旋覆花属

多年生草本。叶长椭圆状披针形，下部渐狭，基部宽大，心形耳状半抱茎。头状花序 1 ～ 5 个排成伞房状；总苞片 4 或 5 层，线状披针形，有腺点和缘毛；舌状花黄色。瘦果有浅沟，被短毛。花期 6—9 月，果期 7—10 月。生长于海拔 1300m 以下的山坡路旁、湿润草地、河岸和田埂上。花序入药。见于山涧口、西金河口村舍附近、上寺等地。

和尚菜 *Adenocaulon himalaicum* Edgew. 和尚菜属

多年生草本。具匍匐根状茎。叶肾圆形，基部心形，边缘具波状大牙齿，背面密被蛛丝状毛，叶柄具翅。头状花序圆锥状排列；总苞片全缘，果期向外反曲；雌花檐部比管部长；两性花淡白色，檐部短于管部。瘦果棍棒状。花果期6—10月。生长于海拔800～1600m的沟谷、阴湿密林下、沟湿地。见于山涧口、金河沟等地。

苍耳 *Xanthium sibiricum* Patrin ex Widd. 苍耳属

一年生草本。茎被灰白色糙伏毛。叶三角状卵形，被糙伏毛，基出3脉。雄性头状花序球形，花冠钟形；雌性头状花序椭圆形，内层总苞片结合成囊状，在瘦果成熟时变坚硬，疏生钩状刺。瘦果倒卵形。花期7—8月，果期9—10月。生长于海拔1200m以下的平原、丘陵、低山、荒野路边、田边及农田中。带总苞的果实入药。见于山涧口、金河口章家窑、辉川等地。

小花鬼针草 *Bidens parviflora* Willd. 鬼针草属

一年生草本。叶对生，二至三回羽状分裂，末回裂片线状披针形。头状花序单生茎顶；总苞筒状，外层草质，内层膜质。管状两性花，花冠黄色，顶端 4 齿裂。瘦果线形，具 4 棱，有小刚毛。花期 8—10 月。生长于海拔 800 ～ 1100m 的荒地、沟谷、水边湿地。见于山涧口、杨家坪道边、金河口章家窑。

婆婆针 *Bidens bipinnata* L. 鬼针草属

一年生草本。叶对生，二回羽状分裂。头状花序；舌状花不育，舌片先端具 2 或 3 齿；管状花顶端 5 齿裂。瘦果 3 或 4 棱，具瘤状突起及小刚毛，顶端芒刺 3 或 4。花期 8—9 月，果期 9—10 月。生长于海拔 1300m 以下的路边荒地、山坡及田间。见于山涧口、杨家坪北沟。

牛膝菊 *Galinsoga parviflora* Cav. 牛膝菊属

一年生草本。叶对生，长椭圆状卵形，基出 3 ～ 5 脉，边缘有锯齿。头状花序半球形；总苞片 5 枚；舌状花白色，4 或 5 朵，顶端 3 齿裂；管状花黄色。瘦果黑褐色，具 3 棱。花果期 7—10 月。生长于海拔 800 ～ 1200m 的荒地、田间、河谷地上。见于金河口、杨家坪管理区周边。

高山蓍 *Achillea alpina* L. 蓍属

多年生草本。叶线状披针形，羽状浅裂至深裂，边缘有不等大的锯齿，齿端有软骨质尖头。头状花序多数，密集成伞房状；总苞片 3 层，覆瓦状排列，宽披针形，具中肋，边缘膜质。边花舌状，白色，顶端 3 浅齿；管状花白色。瘦果宽倒披针形。花果期 7—9 月。生长于海拔 1300 ～ 2500m 的山地林缘、灌木丛、草坡中。地上部入药。见于山涧口、西台、南台。

线叶菊 *Filifolium sibiricum* (L.) Kitam. 线叶菊属

多年生草本。根粗壮，木质化。叶，二至三回羽状全裂，末回裂片线形。头状花序在茎顶呈伞房状；总苞片3层，边缘膜质，背部厚硬。边花花冠筒状，压扁，具2～4齿，有腺点；盘花多数，黄色，顶端5齿裂。瘦果黑色，腹面有2条纹。花果期6—9月。生于山坡草地、山地草原。见于西台、东台的亚高山草甸。

甘菊 *Dendranthema lavandulifolium* (Fisch. ex Trautv.) Kitam. 菊属

多年生草本。下部叶花时脱落；中部叶二回羽状分裂；最上部的叶3裂或不裂。头状花序在茎顶呈伞房状；总苞碟形；舌状花黄色。瘦果具5条纵肋。花期9—10月，果期10—11月。生长于海拔1000～2400m的山坡、河谷、河岸、荒地。见于山涧口、金河沟。

小红菊 *Dendranthema chanetii* (Levl.) Shih 菊属

多年生草本。叶 3 ～ 5 掌状或羽状浅裂，顶裂片较大。头状花序在茎顶排成疏伞房状；总苞碟形，4 或 5 层，边缘白色或褐色膜质；舌状花白色、粉红色或紫色。瘦果顶端斜截，下部窄，具 4 ～ 6 条脉棱。花果期 7—10 月。生长于海拔 1300 ～ 1600m 的山坡林缘、灌木丛、沟边及河滩。见于山涧口、杨家坪北沟、金河沟。

小山菊 *Dendranthema oreastrum* (Hance) Ling 菊属

多年生草本。全株密被绒毛。叶，二回掌式羽状分裂，叶柄基部扩大成短鞘状。头状花序单生茎顶；总苞片边缘宽膜质；舌状花白色、粉红色。瘦果有 6 或 7 条不明显纵肋。花期 7—8 月。生长于海拔 1800 ～ 2500m 的山坡草甸、沟谷、悬崖缝隙。见于山涧口。

大籽蒿 *Artemisia sieversiana* Willd. 蒿属

一年生或二年生草本。茎具纵沟棱。基生叶花时枯萎，茎中下部叶有长柄，基部具假托叶；叶宽卵形，二至三回羽状深裂，上具腺点；上部叶近无柄。头状花序在茎顶排成圆锥状；苞片线形，3 或 4 层，膜质；花序托被长托毛；边花雌性，中央花两性；花冠钟状。瘦果倒卵形，褐色。花果期 7—9 月。生长于海拔 1100 ～ 1400m 的山坡、路边及杂草地。见于金河口郑家沟。

冷蒿 *Artemisia frigida* Willd. 蒿属

多年生草本，有时略呈半灌木状。全株被灰白色或淡黄色绢毛，具横走根状茎。叶，二至三回羽状全裂，小裂片线状披针形，两面被灰白色密绢毛，基部裂片抱茎呈假托叶。头状花序排成总状或圆锥状，下垂；总苞球形，3 层，透明膜质；边花雌性，中央花两性；花序托突起，有托毛。瘦果褐色，无冠毛。花果期 8—10 月。生长于海拔 900 ～ 1300m 的山坡、路旁。见于金河口章家窑。

黄花蒿 *Artemisia annua* L. 蒿属

一年生草本。全株鲜绿色，有香气。基部及下部叶花期枯萎；中部叶卵形，二至三回羽状全裂呈栉齿状，裂片线形，两面密布腺点；上部叶小，一至二回羽状全裂。头状花序球形，下垂，排成总状；总苞片2或3层，边缘膜质；边花雌性，中央小花两性；花序托无托毛。瘦果红褐色。花果期8—10月。生长于海拔800～1200m的河边、沟谷、山坡、荒地。地上部入药。见于金河口管理区周边村舍。

白莲蒿 *Artemisia gmelinii* Web. ex Stechm. 蒿属

多年生草本，有时呈半灌木状。下部叶花时枯萎；中部叶卵形，二回羽状深裂，羽轴有栉齿状小裂片；叶柄长，有假托叶；上部叶小。头状花序在茎枝端排成圆锥；总苞3层，边缘宽膜质；边花雌性，中央小花两性；花冠管状；花序托无托毛。瘦果卵状长圆形。花果期8—10月。生长于海拔900～1800m的山坡、路旁、灌木丛地及森林草原地区。可作饲料。广泛分布于小五台山。

密毛白莲蒿

Artemisia gmelinii Web. ex Stechm. var. *messerschmidtiana* (Bess.) Y. R. Ling

蒿属

白莲蒿的变种，与白莲蒿的主要分别为该变种叶两面密被灰白色或淡灰黄色短柔毛。生长于海拔 900 ～ 1500m 的山坡、路旁等。多见于金河口郑家沟、章家窑。

蒙蒿

Artemisia mongolica Fisch. ex Bess.

蒿属

多年生草本。全株被蛛丝状毛。基生叶花时枯萎；中上部叶羽状深裂，基部半抱茎，具假托叶；叶正面近无毛，背面密被白色蛛丝状毛。头状花序在茎顶排成圆锥状；苞叶线形；总苞 3 或 4 层，密被蛛丝状毛。边花雌性，盘花两性；花冠管状钟形，紫红色。瘦果长圆形，深褐色。花果期 8—9 月。生长于海拔 800 ～ 1500m 的山坡、河谷、撂荒地及耕地、路旁。见于金河口郑家沟、章家窑。

艾蒿 *Artemisia argyi* Levl. et Vant. 蒿属

多年生草本。全株密被绒毛。下部叶花期枯萎，中部叶一至二回羽状深裂或全裂，具线状披针形假托叶；叶正面灰绿色，密布白色腺点，背面密被蛛丝状毛；上部叶渐小。头状花序排成圆锥状；总苞钟形，4或5层，密被蛛丝状毛，边缘宽膜质；边花雌性，盘花两性；花冠管状钟形，红紫色。瘦果长圆形。花果期8—10月。生长于海拔800～1200m的山坡及岩石旁。叶入药。见于西金河口、章家窑村舍附近。

猪毛蒿 *Artemisia scoparia* Wald. et Kit. 蒿属

一年生或二年生草本。叶，二至三回羽状全裂，最终小裂片线形；中部叶一至二回羽状全裂，裂片极细；上部叶3裂至不裂。头状花序排成圆锥状；总苞卵球形，2或3层，边缘宽膜质，中央有1褐色纵肋；边花雌性，中央小花两性。瘦果长圆形，褐色。花果期7—10月。生长于海拔800～1300m的路边、荒地、山坡灌木丛间。地上部入药。见于金河口郑家沟、章家窑。

歧茎蒿 *Artemisia igniaria* Maxim. 蒿属

多年生草本。叶卵形，羽状深裂，中裂片常3裂；叶上面近无毛，下面密被蛛丝状毛；茎中部叶基部渐狭成短柄，上部叶小，近无柄。头状花序在茎顶排成复总状；总苞片3或4层，被蛛丝状毛，边缘膜质。边花雌性，盘花两性，无托毛。瘦果长约1.5mm。花果期8—10月。生长于海拔1100～1500m的山地草甸、河谷。见于金河沟。

无毛牛尾蒿 *Artemisia dubia* Wall.ex Bess var. *subdigitata* (Mattr.) Y. R. Ling 蒿属

多年生草本。基生叶花期枯萎，茎中下部叶指状或羽状分裂，基部渐狭成短柄，上面近无毛，叶背面初时被灰白色短柔毛，后脱落无毛；上部叶3深裂或不裂。头状花序在茎顶及侧枝上密集成复总状花序，苞叶线形；总苞球形，3或4层，边缘膜质；边花雌性，中央花两性。瘦果倒卵形。花果期8—10月。生长于海拔3000m的山坡、河边、路旁、沟谷、林缘等，见于金河沟、郑家沟等地。

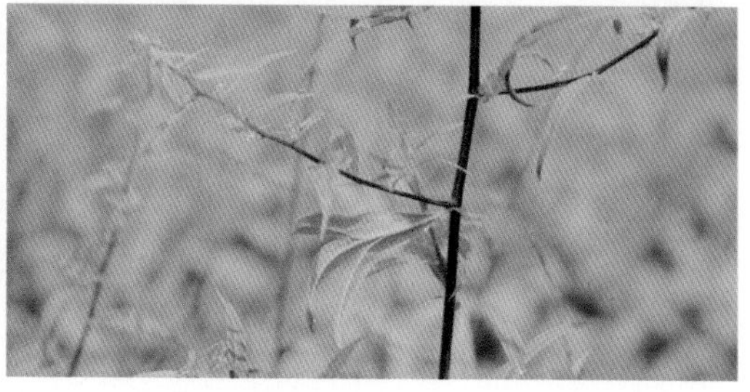

茭蒿 *Artemisia giraldii* Pamp. 蒿属

多年生草本。基生叶和茎下部叶花期枯萎；中部叶羽状全裂，线状披针形或线形，两面密被伏贴的柔毛；上部叶小，3 全裂或不裂。头状花序在茎顶排成扩展的圆锥状，下垂；总苞片 4 层，中肋绿色，边缘宽膜质；边花雌性，盘花两性，无托毛。花果期 7—10 月。生长于海拔 1100 ～ 1600m 的山坡、灌木丛、荒地上。见于金河口郑家沟、章家窑。

南牡蒿 *Artemisia eriopoda* Bge. 蒿属

多年生草本。叶羽状深裂，椭圆形，基部楔形，顶端掌状裂；基生叶与茎下部叶具长柄，中上部叶近无柄；上部叶披针形，3 裂或不裂。头状花序在茎顶排成圆锥状，苞叶披针形；总苞卵形，3 或 4 层，边缘膜质；花黄色，边花雌性能育，盘花两性不育。瘦果长圆形，褐色。花果期 8—10 月。生长于海拔 1200 ～ 1500m 的山坡、草地及林缘。见于山涧口，金河口郑家沟、金河沟。

款冬 *Tussilago farfara* L. 款冬属

多年生草本。根状茎地下横走，早春先抽出花葶数条，葶上具互生鳞片状叶。基生叶花后生出，心形叶下密生白色绒毛。头状花序顶生；总苞片边缘宽膜质；边花雌性，舌状，黄色；中央两性花管状。瘦果具 5 ～ 10 棱。花期 3—4 月，果期 5 月。生长于海拔 1200m 左右的山涧、河堤、水沟旁。花蕾入药。见于山涧口、杨家坪。

山尖子 *Cacalia hastata* L. 蟹甲草属

多年生草本。全株被腺状短柔毛。下部叶花时枯萎；中部叶三角状戟形，沿叶柄楔形下延成翅；上部叶渐小，三角形。头状花序多数，下垂，在茎顶排成圆锥状；管状花 7 ～ 20 朵，白色。瘦果淡黄褐色，冠毛白色。花果期 7—9 月。生长于海拔 1000 ～ 2000m 的山地林缘草甸、灌木丛、草地。见于山涧口、杨家坪北沟。

林荫千里光　*Senecio nemorensis* L.　千里光属

多年生草本。具短的根状茎。叶披针形，互生，基部渐狭，近无柄而半抱茎，边缘有细锯齿。头状花序多数，在茎顶排成伞房状；总苞片 10 ～ 12，线形，边缘膜质；边花为舌状花，中央为管状花，黄色。瘦果有纵沟，无毛。花果期 7—9 月。生长于海拔 1400 ～ 2400m 的山地林阴湿处、林下、沟谷。见于山涧口、金河沟。

羽叶千里光　*Senecio argunensis* Turcz.　千里光属

多年生草本。叶互生，羽状深裂，裂片 6 对，线形。头状花序在枝端呈伞房状；总苞片线形，边缘膜质；舌状花黄色，10 个，舌片线形；管状花多数。瘦果圆柱形，有纵沟。花果期 7—10 月。生长于海拔 1300 ～ 1600m 的山坡、草丛、沟边坡地、溪旁。见于山涧口、金河口章家窑、杨家坪。

红舌狗舌草

Tephroseris rufa (Hand.-Mazz.) B. Nord. var. *chaetocarpa* C. Jeffrey et Y. L. Chen

狗舌草属

多年生草本。叶羽状深裂，椭圆形，基部楔形，顶端掌状裂；基生叶与茎下部叶具长柄，中上部叶近无柄；上部叶披针形，3裂或不裂。头状花序在茎顶排成圆锥状，苞叶披针形；总苞卵形，3或4层，边缘膜质；花黄色，边花雌性能育，盘花两性不育。瘦果长圆形，褐色。花果期8—10月。生长于海拔1200～1500m的山坡、草地及林缘。见于山涧口，金河口郑家沟、金河沟。

狭苞橐吾

Ligularia intermedia Nakai.

橐吾属

多年生草本。茎上部被蛛丝状毛。基生叶有长柄，基部扩大成鞘状抱茎；叶肾状心形，掌状脉，边缘有细锯齿；茎生叶渐小，具短柄，下部鞘状抱茎。头状花序在茎顶排成总状，长达30cm；总苞片8，边缘膜质。花黄色，舌状花4～6，筒状花10朵。瘦果圆柱形，冠毛污褐色。花果期7—9月。生长于海拔2000m左右的山坡、林缘、沟边、路旁。见于山涧口阴湿地成片生长。

蓝刺头 *Echinops latifolius* Tausch. 蓝刺头属

多年生草本。叶，二回羽状分裂，裂片披针形，边缘有短刺，正面绿色，背面密生白绵毛；叶自下而上渐小，基部抱茎。复头状花序，蓝色；内总苞片边缘有篦状睫毛；花冠筒状，裂片淡蓝色，筒部白色。瘦果密生黄褐色柔毛。花期 6 月，果期 7—8 月。生长于海拔 1600m 以下的林缘、干燥山坡及山地林缘草甸。根入药。见于山涧口、金河口次生灌木丛带、东台周边。

苍术 *Atractylodes lancea* (Thunb.) DC. 苍术属

多年生草本。根状茎肥大呈长块状，外面黑褐色，内面白色。叶互生，革质，不分裂或大头羽状浅裂，边缘有具硬刺的牙齿。头状花序单生，外围具羽状深裂的叶状苞片，裂片刺状；全为白色管状花。瘦果圆柱形，冠毛淡褐色。花果期 7—10 月。生长于海拔 1300 ～ 1500m 的山坡灌木丛、草丛、林下。根茎入药。见于山涧口、金河口油松林下或次生灌木丛带。

牛蒡 *Arctium lappa* L. 牛蒡属

二年生草本。基部叶丛生，具长柄；中上部叶互生，宽卵形至心形，正面疏生短毛，背面密被灰白色绵毛。头状花序在茎顶呈伞房状；总苞片披针形，先端钩齿状内弯；管状花紫红色，先端5裂片。瘦果灰褐色。花期6—7月，果期8—9月。生长于海拔1300m左右的村庄路旁、山坡、草地。果入药。见于西金河口村舍附近、杨家坪西河槽、山涧口。

鳍蓟 *Olgaea leucophylla* (Turcz.) Iljin. 鳍蓟属

多年生草本。茎被白色绵毛。叶长圆状披针形，具长针刺，基部沿茎下延成翅，羽状裂片和齿端具针刺；正面绿色，背面密被灰白色绵毛。头状花序单生茎端；总苞钟状；全为管状花，花冠紫红色。瘦果具隆起的纵纹和褐斑。花果期6—9月。生长于海拔1500～2000m的山坡、路旁、草地。见于山涧口、金河口等地的亚高山草甸。

飞廉 *Carduus crispus* L. 飞廉属

二年生草本。茎上有数行纵列的绿色翅，翅上具齿刺。叶互生，下部叶椭圆状披针形，羽状深裂，边缘具缺刻状牙齿，齿端及叶缘具不等长的细刺；中部及上部叶渐变小。头状花序2或3聚生茎端；总苞片7或8层；管状花冠紫红色。瘦果褐色；冠毛灰白色。花果期6—8月。生长于海拔1200m左右的荒地、路旁、田边。见于山涧口、金河口章家窑周边。

烟管蓟 *Cirsium pendulum* Fisch. 蓟属

多年生草本。全株被蛛丝状毛。叶，二回羽状深裂，基部渐狭成具翅的短柄，裂片、齿端和边缘均具刺。头状花序单生茎顶或多数在茎上部排成总状；总苞片8层，先端具长刺尖；花紫色；瘦果长灰褐色；冠毛灰白色，羽毛状。花果期6—9月。生长于海拔1000m以上的山坡林缘、草地。见于山涧口。

刺儿菜 *Cirsium setosum* (Willd.) Bieb. 蓟属

多年生草本。根状茎长。叶长圆状披针形，全缘、齿裂或羽状浅裂，具细刺。头状花序单生或多数集于枝端呈伞房状；雌雄异株；雄花花冠下筒部长为上筒部的2倍，紫红色；雌花花冠下筒部长为上筒部的4～5倍。瘦果椭圆形，冠毛羽毛状。花果期6—8月。生长于海拔1300m以下的荒地、路旁、山野及田边埂上。地上部入药。见于金河口章家窑、杨家坪道边。

魁蓟 *Cirsium leo* Nakai. et Kitag. 蓟属

多年生草本。全株被淡黄色透明长毛。叶互生，披针形，羽状浅裂至深裂，裂片卵状三角形，先端尖，具刺。头状花序单生枝端；总苞片多层，边缘有小刺；花紫色，花冠下筒部比上筒部稍短。瘦果长椭圆形，冠毛污白色，羽状。花果期6—8月。生长于海拔800～1200m的山坡草地、灌木丛间。见于山涧口，金河口郑家沟、章家窑。

野蓟 *Cirsium maackii* Maxim. 蓟属

多年生草本。茎下部被褐色多细胞皱曲毛，上部被蛛丝状卷毛。基生叶羽状半裂或深裂，基部渐狭成具翅的短柄；茎生叶与基生叶同形，基部抱茎，边缘具刺。头状花序单生茎顶；总苞扁球形，有黏性；总苞片多层，中肋明显，背面密被微毛和腺点；花紫红色。花果期 7—9 月。生长于海拔 900 ～ 1300m 的山坡、荒地上。见于金河口章家窑村舍附近。

块蓟 *Cirsium salicifolium* (Kitag.) Shih 蓟属

多年生草本。具块根，呈指状。叶狭披针形，边缘密生细刺或有刺尖齿；正面绿色被柔毛，背面密被灰白色绒毛，秋季叶背面毛常脱落。头状花序单生枝端，总苞钟状球形，富有黏性；花冠紫红色。瘦果灰黄色。花果期 7—9 月。生长于海拔 1100 ～ 1500m 的山坡、林缘、山坡草地、草甸。见于金河口郑家沟、金河沟。

小五台风毛菊 *Saussurea sylvatica* Maxim. var. *hsiaowutaishanensis* (Chen) Lipsch. 风毛菊属

多年生草本。茎光滑，下部有时具翅，上部被绵毛。叶披针形，先端急尖渐尖，边缘具齿。头状花序单生茎顶；总苞片 5 层，叶状，边缘紫色；花全为管状，淡紫色，檐部裂片 5。瘦果光滑无毛。花果期 7—8 月。生长于海拔 2200 ～ 2600m 的亚高山草甸。见于东台、西台的亚高山草甸。

紫苞风毛菊 *Saussurea iodostegia* Hance 风毛菊属

多年生草本。叶线状披针形，基部渐狭成长柄，柄基呈鞘状半抱茎；上部叶渐小，苞叶状，紫色。头状花序在茎顶呈伞房状，密被长柔毛；总苞钟状，4 层，暗紫色，被白色长柔毛和腺体；管状花紫色，檐部 5 裂片。瘦果圆柱形，褐色。花果期 8—9 月。生长于海拔 1800 ～ 2500m 的山地草甸、林缘。见于山涧口、东台、西台、南台等地。

篦苞风毛菊 *Saussurea pectinata* Bge. 风毛菊属

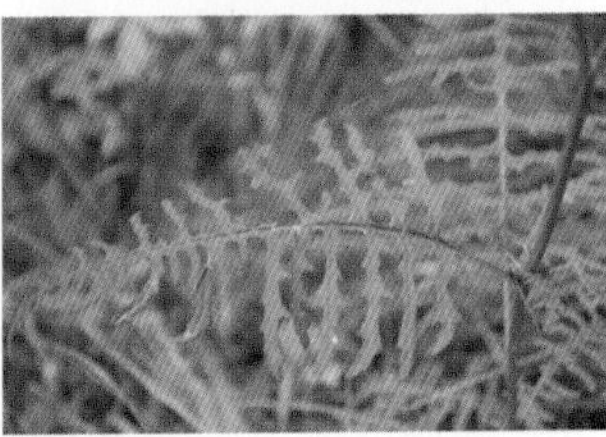

多年生草本。基生叶花期凋落；中下部叶卵状披针形，羽状深裂；上部叶羽状浅裂或全缘。头状花序在茎端排成伞房状；总苞宽钟状，5层，被疏蛛丝状毛或短毛，外层有栉齿状附片，常反折；管状花粉紫色。冠毛污白色，外层糙毛状，内层羽状毛。花果期8—9月。生长于海拔1300m左右的山地林缘、沟谷、路旁。见于山涧口、金河沟。

中国风毛菊 *Saussurea chinensis* (Maxim.) Lipsch. 风毛菊属

多年生草本。叶互生，披针形，无柄，正面绿色，背面密被灰白色绵毛，边缘有刺尖齿。头状花序在茎顶排成伞房状；总苞钟状；总苞片4或5层；花紫红色。瘦果圆柱形，有棱，棕褐色。花果期8—9月。生长于海拔2000m左右的山坡草地、灌木丛。见于山涧口斗根岭。

小花风毛菊 *Saussurea parviflora* (Poir.) DC. 风毛菊属

多年生草本。茎有狭翅。茎下部叶长椭圆形，基部渐狭而下延成狭翅，边缘具尖锯齿；上部叶狭披针形，全缘，无柄。头状花序多数，在茎顶呈伞房状；总苞狭筒状，3或4层，先端黑色；花紫色。瘦果长约3mm；冠毛白色，外层糙毛状，内层羽毛状。花果期7—9月。生长于海拔1100～1500m的林下、灌木丛及林缘草地。见于山涧口。

卷苞风毛菊 *Saussurea sclerolepis* Nakai. et Kitag. 风毛菊属

多年生草本。基生叶有柄，茎生叶近无柄；叶卵状披针形或狭披针形，基部截形或心状箭形，边缘有不规则大齿；叶柄光滑，有狭翅。头状花序单生茎顶；总苞钟状，4或5层，外层反卷，内层紫色，边缘具长纤毛；花冠紫色。花果期7—9月。生长于海拔1600～2000m的山地林下、林缘。见于山涧口、金河口等地的阔叶林带及草甸。

乌苏里风毛菊 *Saussurea ussuriensis* Maxim. 风毛菊属

多年生草本。叶披针形或卵形，基部心形或戟形，边缘有锯齿；基生叶花时存在，具长柄；中上部叶近无柄，全缘或有浅齿。头状花序多数，在茎端呈密伞房状；总苞卵状钟形，5～7层，常带紫色，被蛛丝状毛，不反卷；花冠紫红色。瘦果长4～5mm。花果期7—9月。生长于海拔1400m左右的山地林下、林缘灌木丛及河岸草甸。见于山涧口、南台、西台等地。

伪泥胡菜 *Serratula coronata* L. 麻花头属

多年生草本。叶羽状深裂至全裂，裂片披针形，具刺尖头，边缘有不规则疏齿及糙毛。头状花序单生于枝端；总苞钟形，6或7层，紫褐色，被褐色绒毛；管状花紫红色，边花4裂，雌性，中央花5裂，两性。瘦果淡褐色，基底着生面歪斜。花果期7—9月。生长于海拔1100～1400m的山坡、河滩草地。见于山涧口。

多头麻花头 *Serratula polycephala* Iljin. 麻花头属

多年生草本。基生叶花时凋落，茎生叶卵形至长椭圆形，羽状深裂，裂片边缘有短糙毛；上部叶渐小。头状花序 10 ～ 40 个，在茎顶排呈伞房状；总苞 7 层，筒状；管状花红紫色，下筒部较上筒部短。瘦果倒卵状椭圆形。花果期 6—9 月。生长于海拔 1200 ～ 1600m 的山坡、干燥草地、路边。见于金河口章家窑、郑家沟。

麻花头 *Serratula centauroides* L. 麻花头属

多年生草本。基生叶具长柄，常残存；茎生叶羽状深裂，裂片具短尖头；上部叶渐小。头状花序数个，具长梗；总苞卵形，10 ～ 12 层；管状花淡紫色，下筒部和上筒部近等长。瘦果长圆形，褐色。花果期 6—8 月。生长于海拔 1100 ～ 1300m 的路旁、荒野或干旱山坡。见于金河口章家窑、上寺、杨家坪分沟。

祁州漏芦 *Stemmacantha uniflora* (L.) Dittrich 漏芦属

多年生草本。叶具长柄，密被绵毛；羽状深裂至全裂，裂片长圆形至线状披针形，边缘具不规则牙齿，裂片及齿端具短尖头。头状花序大；总苞宽钟状，先端具干膜质的附片，外层掌状撕裂。花全为管状，淡紫色。瘦果倒圆锥形，棕褐色。花果期5—7月。生长于海拔800～1600m的干旱山坡、草地、路旁。根入药。见于山涧口、金河口郑家沟、章家窑附近山坡。

蚂蚱腿子 *Myripnois dioica* Bge. 蚂蚱腿子属

落叶小灌木。叶椭圆形或长圆状披针形，全缘，三出脉。头状花序生侧生短枝顶端，花先叶开放；总苞钟状，5～8层，密被绢毛和腺体；雌花花冠淡紫色，舌状；两性花冠白色，筒状，不发育。瘦果具10条纵棱。花期4月，果期5—6月。生长于海拔1200～1800m的阳坡山坡及灌木丛。见于杨家坪北沟、赤崖堡、金河口郑家沟、金河沟等地。

大丁草

Leibnitzia anandria (L.) Nakai.

大丁草属

多年生草本。春型植株高 6 ～ 19cm；秋型植株高 30 ～ 50cm；叶倒披针形或长椭圆形，基部渐狭成柄，边缘琴形羽裂，正面绿色，背面密被白色蛛丝状毛。头状花序单生；总苞筒状钟形，3 层；舌状花紫红色，长 10 ～ 12mm；管状花长约 7mm。瘦果两端收缩。花期 4—6 月，果期 7—9 月。生长于海拔 1100 ～ 1300m 的山坡路旁、沟边、林缘、草地。见于金河口章家窑、杨家坪北沟。

猫儿菊

Achyrophorus ciliatus (Thunb.) Sch.-Bip.

猫儿菊属

多年生草本。基生叶匙状长圆形，基部渐狭成柄状；中部叶互生，长圆形，基部耳状抱茎。头状花序单生茎顶；总苞半球形，3 或 4 层；全为黄色舌状花，舌片先端齿裂栉齿状。瘦果淡黄褐色，无喙。花果期 6—8 月。生长于海拔 1100 ～ 1800m 的山地林缘、草甸、山坡上。见于金河口郑家沟。

毛连菜 *Picris japonica* Thunb. 毛连菜属

二年生草本。全株密被钩状分叉的硬毛。基生叶花时枯萎；下部叶倒披针形，基部渐狭成具翅的叶柄；中部叶披针形，无柄，抱茎；上部叶线状披针形。头状花序在枝端排成伞房状，苞叶线形；总苞筒状钟形，3层，黑绿色，背面被硬毛；舌状花淡黄色。瘦果纺锤形，红褐色。花果期7—10月。生长于海拔1200～2000m的山坡草地、路旁。见于山涧口、金河口章家窑、金河沟等地。

细叶鸦葱 *Scorzonera albicaulis* Bge. 鸦葱属

多年生草本。茎中空，被蛛丝状毛。基生叶线形，基部渐狭成具翅的柄，5～7脉；茎生叶渐小，基部稍扩展抱茎。头状花序在茎顶排成伞房状；总苞圆筒形，有蛛丝状毛；舌状花黄色。瘦果黄褐色，上端狭窄成喙，具多数纵肋。花果期6—8月。生长于海拔1300m以下的山坡、路旁、荒地、林缘、灌木丛、草甸。见于金河口章家窑、山涧口、北台林缘灌木丛。

桃叶鸦葱 *Scorzonera sinensis* Lipsch. et Krash. 鸦葱属

多年生草本。根纤维状，褐色，茎有白粉。基生叶披针形，呈镰状弯曲，有白粉，边缘深皱状弯曲，叶柄宽鞘状抱茎；茎生叶小，鳞片状，近无柄，半抱茎。头状花序单生茎顶；总苞筒形，3～4层，边缘膜质；舌状花黄色，外面玫瑰色。瘦果圆柱状，暗黄色。花果期4—6月。生长于海拔900～1300m的荒地、路边、山坡。见于山涧口、杨家坪周边。

白缘蒲公英 *Taraxacum platypecidum* Diels 蒲公英属

多年生草本。叶倒披针形，羽状分裂，侧裂片三角形。花葶数个，密被白色蛛丝状绵毛；总苞钟状，3或4层；舌状花黄色，外围舌片有紫红色条纹。瘦果淡褐色，上部有刺状小瘤，具喙。花果期6—7月。生长于海拔1300～1700m的山地阔叶林下及沟谷草甸。全草药用。见于金河口阔叶林带的向阳山坡。

蒲公英 *Taraxacum mongolicum* Hand.-Mazz. 蒲公英属

多年生草本。具乳汁。叶基生，匙形或倒披针形，羽状裂，基部渐狭成柄状；花葶数个，与叶近等长，上端密被蛛丝状毛；总苞钟状，2层；舌状花黄色，外围舌片的外侧中央具红紫色宽带。瘦果褐色，具多条纵沟，有刺状突起。花果期5—7月。生长于海拔800～2200m的田野、路边、山坡草地、河岸砂质地。全草入药。广布于小五台山。

苣荬菜 *Sonchus brachyotus* DC. 苦苣菜属

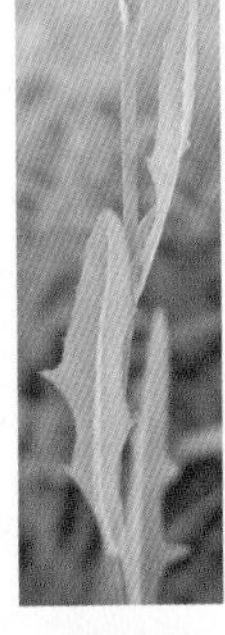

多年生草本。具匍匐根状茎。叶长圆状披针形，基部渐狭成柄；中部叶无柄，基部圆形耳状抱茎，边缘具不规则波状尖齿。头状花序数个排成伞房状；总苞钟状，3层；舌状花黄色。瘦果纺锤形，褐色，有3～8条纵肋。花果期6—9月。生长于海拔800～1300m的田间、村舍附近、山坡。见于金河口章家窑村舍附近。

苦苣菜 *Sonchus oleraceus* L. 苦苣菜属

一年生或二年生草本。叶纸质，羽状裂，顶裂片大，边缘有刺状尖齿；下部叶叶柄有翅，基部扩大抱茎；中上部叶无柄，基部宽大戟状耳形抱茎。头状花序在茎顶排成伞房状；总苞钟状，3层；舌状花黄色。瘦果长椭圆状倒卵形，具纵肋。花果期6—9月。生长于海拔1200m左右的山野、荒地、路边。嫩茎叶可作饲料。见于山涧口、金河口章家窑村舍附近。

翼柄山莴苣 *Lactuca triangulata* Maxim. 莴苣属

多年生草本。叶三角状戟形；下部叶具狭翅或宽翅，几半抱茎；中部叶叶柄有宽翅，基部呈扩大的耳形抱茎；上部叶渐小，无柄。头状花序在茎顶排成圆锥花序；总苞筒状钟形，2或3层；舌状花黄色。瘦果暗肉红色，每面有1条凸起的纵肋。花果期7—9月。生长于海拔1300m左右的山坡草地或林下。见于杨家坪管理区周边。

山莴苣 *Lactuca indica* L. 莴苣属

二年生草本。叶具狭窄膜片状长毛，无柄；上部叶基部常扩大戟形半抱茎；下部叶花期枯萎，上部叶变小。头状花序在茎顶排成圆锥状；总苞近圆筒状，3或4层；舌状花淡黄色。瘦果黑色，每面有1条凸起的纵肋，喙短。花果期7—10月。生长于海拔800～1200m的河谷、草甸、河滩。可作饲料。见于金河口郑家沟、章家窑。

毛脉山莴苣 *Lactuca raddeana* Maxim. 莴苣属

二年生草本。茎下部叶大头羽裂，具1～3对侧生裂片；中部叶具1对侧生裂片或无；上部叶渐小，无柄。头状花序在茎枝顶端排成狭圆锥状；总苞圆柱状，3层，边缘膜质；舌状花黄色。瘦果棕褐色，每面具4或5条纵肋。花果期7—9月。生长于海拔1200～1500m的林下或草地。见于金河口郑家沟阴坡林缘。

紫花山莴苣 *Lactuca tatarica* (L.) C.A. Mey. 莴苣属

多年生草本。叶质厚，微肉质；下部叶长圆状披针形，羽状裂，边缘具刺状小齿，基部渐狭，半抱茎；中部叶与下部叶同形，不裂；上部叶全缘，抱茎。头状花序在茎枝顶端排成圆锥状；总苞圆筒状，具紫色斑纹，3层；舌状花紫色。瘦果灰色至黑色，具5～7条纵肋。花果期5—8月。生长于海拔900～1400m的田间地埂、干旱山坡、沙地上。见于金河口章家窑。

北山莴苣 *Lactuca sibirica* (L.) Benth. ex Maxim. 莴苣属

多年生草本。叶长椭圆状披针形，全缘，基部心形或扩大成耳状抱茎。头状花序在茎顶排成疏伞房状；总苞片3或4层，紫红色，边缘膜质；舌状花蓝紫色。瘦果棕褐色，有5条纵肋。花果期7—8月。生长于海拔1200m的林下、林缘、路旁、村边、田间及沼泽地。见于山涧口、金河口章家窑附近山坡。

山柳菊 *Hieracium umbellatum* L. 山柳菊属

多年生草本。基生叶花时枯萎；茎生叶无柄，披针形；上部叶变小，披针形或狭线形。头状花序多数，排成伞房状；总苞宽钟状或倒圆锥状，3或4层，黑绿色；舌状花黄色。瘦果圆柱状，紫褐色，具10棱。花果期6—9月。生长于海拔1100～1600m的山地草甸、沟谷林缘、林下。见于山涧口、中台灌草丛。

苦菜 *Ixeris chinensis* (Thunb.) Nakai. 苦荬菜属

多年生草本。基生叶莲座状，线状披针形，基部下延成窄叶柄；茎生叶1～3，无柄，基部渐狭。头状花序在茎顶排成伞房状；总苞圆筒状，13～16片；舌状花黄色、白色或变淡紫红色，舌片顶端5齿裂。瘦果红棕色，具喙。花果期4—6月。生长于海拔1200m左右的路边、荒地、田间。可作饲料。见于金河口章家窑、西金河口村，杨家坪五凤嘴。

抱茎苦荬菜

Ixeris sonchifolia (Bge.) Hance

苦荬菜属

多年生草本。基生叶多数，倒卵状长圆形，基部下延成柄；茎生叶较小，卵状长圆形，基部扩大成圆耳状或戟形抱茎。头状花序在茎枝顶端排成伞房状；总苞圆筒形，2层；舌状花黄色。瘦果纺锤形，黑褐色，具短喙。花果期4—7月。生长于海拔1200m以下的田野、荒地、路旁、撂荒地及草甸上。可作饲料。见于金河口郑家沟、杨家坪、辉川等地的山坡。

狭叶香蒲

Typha angustifolia L.

香蒲属

多年生草本。沼生。根状茎横生于泥中，生多数须根。叶狭线形，背部隆起；叶鞘具膜质边缘，有叶耳。穗状花序圆柱形，雌雄花序不连接，雄花序在上，雌花序在下，深褐色；雌花小苞片匙形，黑褐色；花被退化为茸毛状。小坚果无沟。花果期5—9月。生长于海拔1600m以下的池塘、水边和浅水沼泽中。花粉入药；叶供编织；蒲绒可作枕头、沙发等填充。见于山涧口、金河沟等地的阴湿之处。

芦苇　*Phragmites australis* (Cav.) Trin. ex Steud.　芦苇属

多年生草本。具横走根状茎。叶披针状线形，叶鞘圆筒形；叶舌有毛。圆锥花序顶生，疏散；小穗含 4 ～ 7 花；颖具 3 脉；第一花通常为雄性；基盘细长，具 6 ～ 12mm 长的柔毛。颖果长圆形。花果期 7—11 月。生长于海拔 1100 ～ 1400m 的河岸、河溪边多水地区，常成片生长。茎秆纤维为造纸原料；也可供编织苇席；根茎入药。见于山涧口、金河沟等地的阴湿之处。

臭草　*Melica scabrosa* Trin.　臭草属

多年生草本。秆丛生，基部膝曲，常密生分蘖。叶鞘闭合；叶舌膜质透明，顶端撕裂而两侧下延。圆锥花序狭窄；小穗柄弯曲；小穗含 2 ～ 4 个能育小花，顶部几个不育外稃集成小球形；颖膜质，具 3 ～ 5 脉；外稃具 7 脉，背部颗粒状粗糙。颖果褐色，纺锤形。花果期 4—7 月。生长于海拔 900 ～ 1300m 的山坡、荒地、路旁。见于金河口章家窑附近。

大臭草 *Melica turczaninowiana* Ohwi 臭草属

本种和臭草的显著区别是外稃背部不具颗粒而较平滑；圆锥花序分支细弱；颖卵状长圆形，具5～7脉；外稃具7～11脉；花果期6—8月。生长于海拔1100～1500m的山地林缘、林内、灌木丛、草甸。见于山涧口、金河口金河沟。

草地早熟禾 *Poa pratensis* L. 早熟禾属

多年生草本。具长而明显的匍匐根状茎。秆具2或3节。叶鞘具纵条纹；叶舌先端截平；叶片长6.5～18.0cm，宽2～4mm。圆锥花序开展，每节有分支3～5个；小穗卵圆形，绿色，成熟后草黄色，含2～4小花；外稃纸质，基盘具稠密而长的白绵毛。颖果纺锤形。花期5—6月，果期7—9月。生长于海拔1100～1400m的山坡草地、林缘及林下。牧草，饲料；草皮植物。见于金河口章家窑。

硬质早熟禾 *Poa sphondylodes* Trin. ex Bge. 早熟禾属

多年生草本。秆形成密丛，具3或4节。叶鞘集生在中部以下；叶舌膜质；叶片狭窄，宽1mm。圆锥花序紧缩，小穗排列稠密；小穗绿色，成熟后草黄色，含4～6小花；颖披针形，硬纸质，具3脉。颖果纺锤形，腹面有凹沟。花期6—7月，果期7—8月。生长于海拔900～1500m的山坡、路旁、旷地。牧草；可作笤帚和人造棉原料。见于金河口次生灌木丛带的向阳山坡。

无芒雀麦 *Bromus inermis* Leyss. 雀麦属

多年生草本。具横走根状茎。秆直立；叶鞘通常闭合；叶舌质硬；叶片长7～16cm，宽5～8mm。圆锥花序开展，每节具3～5分支；小穗含4～6小花，穗轴节间具小刺毛；颖披针形，具膜质边缘；外稃宽披针形，具5～7脉，常无芒。颖果。花果期6—9月。生长于海拔1300～1500m的山坡、草地、林缘。牧草。见于山涧口、金河沟。

纤毛鹅观草 *Roegneria ciliaris* (Trin.) Nevski 鹅观草属

多年生草本。秆常单生，被白粉，具 3 或 4 节。叶鞘无毛；叶片长 10 ～ 20cm，宽 3 ～ 10mm，边缘粗糙。顶生穗状花序，每节生 1 小穗；小穗绿色，脱节于颖之上；颖具粗壮的 5 ～ 7 脉，具纤毛；外稃背部被粗毛，边缘具长而硬的纤毛，上部具明显 5 脉；第一外稃具芒，芒干时向外反曲，粗糙。花果期 4—7 月。生长于海拔 900 ～ 1400m 的路边、荒地及山坡上。见于金河口郑家沟。

百花山鹅观草 *Roegneria turczaninovii* (Drob.) Nevski var. *pohuashanensis* Keng 鹅观草属

多年生草本。秆成疏丛，具 3 或 4 节。上部叶鞘无毛，下部叶鞘具倒毛；叶舌截平；叶片质硬而内卷，宽 2.5 ～ 6.0mm。穗状花序下垂，常偏于一侧；穗轴细弱；小穗含 5 ～ 7 花，黄绿色；外稃具明显 5 脉，基盘具短毛，第一外稃先端延伸成反曲粗糙的芒，芒长 27 ～ 43mm。花果期 7—9 月。生长于海拔 1100 ～ 1400m 的山地林缘草甸或林下、沟谷草甸。见于山涧口、金河沟。

冰草

Agropyron cristatum (L.) Gaertn.

冰草属

多年生草本。根须状密生，外具沙套。秆疏丛，具2或3节。叶鞘短于节间；叶舌膜质，顶端截平而有细齿；叶片质地较硬而粗糙，边缘常内卷。穗状花序，小穗紧密排成2行，整齐呈篦齿状；外稃舟形，边缘狭膜质，被短刺毛，顶端具芒。花果期7—8月。生长于海拔1100～1500m的干燥草地、山坡、丘陵或沙地。牧草。见于山涧口。

垂穗披碱草

Elymus nutans Griseb.

披碱草属

多年生草本。叶鞘无毛，叶舌膜质；叶片扁平或内卷，正面粗糙，背面平滑。穗状花序曲折而下垂；小穗在穗轴上排列紧密且多少偏于一侧，绿色，成熟后带紫色；颖长圆形，具长2～5mm的短芒；外稃长圆状披针形，芒长10～20mm，向外反曲。花果期6—8月。生长于海拔1100～1500m的林下、林缘、草甸、路旁。牧草。见于山涧口、金河沟。

羊草

Leymus chinensis (Trin.) Tzvel.

赖草属

多年生草本。具根状茎，常具沙套。叶鞘光滑，叶舌截平；叶质地厚而硬，干后内卷。穗状花序顶生；小穗常每节成对着生，粉绿色，成熟时变黄色；小穗含 5 ~ 10 小花；颖锥形，外稃披针形，边缘具狭膜质。花果期 6—8 月。生长于海拔 800 ~ 1300m 的开阔平原、起伏的低山丘陵以及河滩、农田地埂、路边、山坡。牧草。见于金河口章家窑。

赖草

Leymus secalinus (Georgi) Tzvel.

赖草属

多年生草本。叶鞘光滑，叶舌膜质，截平；叶片干时内卷。穗状花序灰绿色，每节生小穗 2 ~ 4 枚；小穗含 5 ~ 7 小花；颖锥状，先端尖如芒状；外稃披针形，先端具长 1 ~ 4mm 的短芒。花果期 5—8 月。生长于海拔 800 ~ 1300m 的沙地、沟边、路旁。牧草。见于金河口章家窑。

看麦娘 *Alopecurus aequalis* Sobol. 看麦娘属

一年生草本。秆丛生。叶鞘光滑，短于节间；叶舌膜质；叶片长5～10cm，宽1.5～6.0mm。圆锥花序顶生，紧缩成狭圆柱状；小穗卵状长圆形，两侧压扁，脱节于颖之下；颖和外稃膜质，外稃背部1/4处生2～3mm的芒。花果期6—8月。生长于海拔1200～1400m的水湿地。牧草。见于山涧口、金河沟等地的阴湿之处。

野青茅 *Calamagrostis arundinacea* (L.) Roth 拂子茅属

多年生草本。叶鞘常长于节间；叶舌膜质，先端常撕裂；叶片两面粗糙，带灰白色。圆锥花序紧缩似穗状；小穗长5～6mm；颖披针形，点状粗糙；外稃先端具微齿，基盘两侧的毛长达外稃的1/4～1/3；芒自外稃基部1/5处伸出，近中部膝曲。花果期7—9月。生长于海拔1500～2200m的山坡草地或沟谷阴蔽之地。见于西台亚高山草甸。

大拂子茅

Calamagrostis macrolepis Litv.

拂子茅属

多年生草本，具根状茎。叶长 40cm，宽 5 ～ 8mm；叶舌膜质，长 5 ～ 7mm。圆锥花序，紧密，有间断，被微小短刺毛；颖披针状锥形，脊上粗糙，第二颖较第一颖短；外稃质先端 2 裂，近裂齿间伸出 3.0 ～ 3.5mm 的芒；基盘柔毛长 5 ～ 7mm。花果期 7—9 月。生长于海拔 1200 ～ 1600m 的山坡、荒地、林缘。见于山涧口、金河沟。

菵草

Beckmannia syzigachne (Steud.) Fern.

菵草属

一年生草本。秆具 2 ～ 4 节。叶鞘长于节间；叶片长 5 ～ 20cm，宽 3 ～ 10mm。圆锥花序分支稀疏，贴生或斜伸；小穗压扁，圆形，灰绿色，通常只有 1 小花；颖草质，背部灰绿色，具淡色的横纹；外稃披针形，5 脉，常具小尖头。花果期 5—8 月。生长于海拔 1100 ～ 1500m 的水边湿地。牧草。见于山涧口、金河沟等地的阴湿之处。

粟草 *Milium effusum* L. 粟草属

多年生草本。秆具3～5节。叶鞘短于节间，光滑无毛；叶舌长2～10mm；叶片长5～15cm，宽3～10mm。圆锥花序开展，下部分支簇生；小穗椭圆形，灰绿色，背腹压扁，无芒，脱节于颖之上；颖具3脉，外稃光亮，与内稃等长。花果期5—7月。生长于海拔1200～1600m的沟谷、林下阴湿地。牧草。见于山涧口、金河口等地的针叶林带林下。

芨芨草 *Achnatherum splendens* (Trin.) Nevski 芨芨草属

多年生草本。秆密丛生，坚硬。叶片坚韧，纵向内卷。圆锥花序开展，花时呈金字塔形；小穗披针形，具短柄；颖长圆状披针形，膜质，具1～3脉；外稃厚纸质，具5脉，密被柔毛；芒长5～10mm。花果期6—9月。生长于海拔1100～1300m的干旱山坡、草地。见于金河口章家窑村舍附近。

克氏针茅 *Stipa krylovii* Roshev. 针茅属

多年生草本。叶片卷折成细线形；叶舌披针形，白色膜质。圆锥花序，小穗稀疏；颖披针形，草绿色，先端白色膜质；外稃关节处被短毛，基盘密生白色柔毛；芒二回膝曲，芒针丝状弯曲，长 7 ~ 12cm。花果期 7—8 月。生长于海拔 1100 ~ 1500m 的干旱山坡或草地上。牧草。见于金河口郑家沟、章家窑。

小画眉草 *Eragrostis poaeoides* Beauv. 画眉草属

一年生草本。秆丛生，基部节常膝曲。叶鞘疏松抱茎；叶舌为一圈纤毛。圆锥花序开展，基部分支近轮生；小穗成熟后暗绿色或带紫色，含 3 ~ 14 小花；颖膜质；外稃侧脉不明显，内稃弓形弯曲。颖果长圆形。花果期 6—9 月。生长于海拔 1100 ~ 1400m 的田间、田埂、路旁、荒地上。牧草。见于金河口章家窑村舍附近。

丛生隐子草 *Cleistogenes caespitosa* Keng 隐子草属

多年生草本。秆丛生。叶鞘无毛，上部叶鞘长于节间，下部短于节间；叶质硬，常内卷。圆锥花序；小穗含 3 ～ 5 花；外稃具 5 脉，边缘疏生柔毛；第一外稃先端具长 0.5 ～ 1.0mm 小尖头。花期 7 月，果期 8—9 月。生长于海拔 1100 ～ 1500m 的干燥山坡、沟边、路旁。见于山涧口、金河口章家窑村舍附近。

蟋蟀草 *Eleusine indica* (L.) Gaertn. 穇属

一年生草本。秆丛生，基部常倾斜而膝曲。叶鞘压扁而具脊，口部常具柔毛；叶片长 15cm，宽 3 ～ 5mm，正面常具疣基柔毛。穗状花序 2 至数个簇生茎顶，呈指状排列；小穗含 3 ～ 6 小花；外稃脊上有窄翅；内稃短于外稃，脊上具有小纤毛。胞果；种子有明显波状皱纹。花果期 6—10 月。生长于海拔 800 ～ 1300m 的田间、路旁、荒地上。见于金河口章家窑村舍附近。

虎尾草 *Chloris virgata* Sw. 虎尾草属

一年生草本。秆丛生，基部常膝曲。上部叶鞘常包有花序，肿胀成棒槌状；叶舌具小纤毛；叶片长 5 ～ 25cm，宽 3 ～ 6mm。穗状花序 4 ～ 10 个簇生于茎顶，呈指状排列；小穗生于穗轴一侧，紧密覆瓦状；颖膜质，外稃具 3 脉，芒自外稃顶端的下部伸出，长 5 ～ 15mm。花果期 6—10 月。生长于海拔 1300m 以下的路边、荒地上。见于金河口章家窑、上寺、山涧口。

虱子草 *Tragus berteronianus* Schult. 锋芒草属

一年生草本。叶鞘短于节间；叶线形，边缘具刺毛。花序密集成穗状，小穗常 2 个聚生成簇；第一颖退化，薄膜质；第二颖革质，背部具 5 条肋刺；外稃膜质，具 3 脉。花果期 7—8 月。生长于海拔 1100 ～ 1300m 的荒地、路边、村舍附近。见于金河口章家窑村舍附近。

无芒稗

Echinochloa crusgalli (L.) Beauv. var. *mitis* (Pursh.) Peterm.

稗属

一年生草本。叶线形，中脉宽，白色。圆锥花序疏松，带紫色；轴基部有硬刺疣毛；小穗一面平，一面凸，密集排列于穗轴一侧，无芒或具 3mm 以下的短芒；颖具 5 脉；外稃 7 脉，具硬刺疣毛。颖果白色或棕色，坚硬。花果期 7—10 月。生长于海拔 1100 ～ 1400m 的湿地、水田或旱地。饲用。见于金河沟阴湿之处。

西来稗

Echinochloa crusgalli (L.) Beauv. var. *zelayensis* Hitch.

稗属

一年生草本。叶鞘疏松裹茎；无叶舌；叶线形，边缘粗糙。圆锥花序紫色，分支不具小分支；小穗密集排列于穗轴的一侧；颖和第一外稃无疣毛。花果期 7—10 月。生长于海拔 800 ～ 1200m 的田边、路旁及旱地。饲用。见于金河口章家窑村舍附近。

马唐 *Digitaria sanguinalis* (L.) Scop. 马唐属

一年生草本。叶鞘短于节间，疏生疣基软毛；叶舌膜质，黄棕色；叶片长 3 ～ 17cm，宽 3 ～ 10mm。总状花序 3 ～ 10 枚，呈指状排列；小穗披针形，孪生；第一颖微小，钝三角形，薄膜质，第二颖长为小穗的 1/2 ～ 3/4，边缘具纤毛；第一外稃与小穗等长，具 5 ～ 7 脉。花果期 6—10 月。生长于海拔 900 ～ 1400m 的荒地、路旁或田间。牧草；谷粒可制淀粉。见于金河口章家窑。

狗尾草 *Setaria viridis* (L.) Beauv. 狗尾草属

一年生草本。叶鞘稍松弛；叶舌毛状；叶长 5 ～ 30cm，宽 2 ～ 15mm。圆锥花序，穗状圆柱形，稍弯垂；每簇具 9 条刚毛，绿色、黄色或带紫色；小穗椭圆形；外稃与小穗等长，具 5 ～ 7 脉，内稃窄狭。谷粒长圆形，具细点状皱纹。花果期 7—9 月。生长于海拔 1200m 左右的荒地、路边、坡地上。见于金河口章家窑、杨家坪道边、辉川等地。

大油芒

Spodiopogon sibiricus Trin.

大油芒属

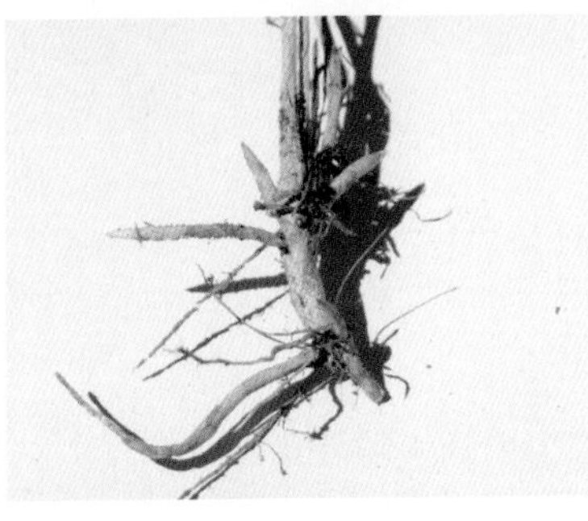

多年生草本。根状茎密被覆瓦状鳞片。叶鞘长于节间；叶舌干膜质，截形；叶宽线形，长15～28cm，宽6～14mm。圆锥花序疏散开展，小枝具2～4节，节具髯毛，每节2小穗；小穗灰绿色至草黄色；芒自外稃顶端裂齿间伸出，芒柱扭转，中部膝曲。花果期8—9月。生长于海拔1400m左右的山坡草丛或路旁。牧草。见于山涧口、金河口针叶林带林缘。

荩草

Arthraxon hispidus (Thunb.) Makino

荩草属

一年生草本。叶鞘短于节间，具短硬毛；叶舌膜质，边缘具纤毛；叶卵状披针形，基部心形，抱茎。总状花序2～10个呈指状排列；有柄小穗退化，无柄小穗灰绿色；第一颖革质，第二颖近膜质；外稃近基部伸出一膝曲的芒，下部扭转。花果期7—9月。生长于海拔1200～1500m的山坡草地、路边、荒地较阴湿处。见于山涧口、金河沟等地的阴湿之处。

羽毛荸荠 *Heleocharis wichurai* Böcklr. 荸荠属

多年生草本。根状茎短，有地下匍匐枝。秆丛生，三棱形。小穗卵状圆柱形或披针形，鳞片中部有1条脉，锈色，边缘白色膜质；雄蕊3；下位刚毛6，稍长于小坚果，密生白色透明扁刺，呈羽毛状；柱头3。小坚果微扁，钝三棱形。花果期7月。生长于海拔1100～1400m的山地沼泽或草甸。见于山涧口、金河沟等地的阴湿之处。

扁囊薹草 *Carex coriophora* Fisch. et C. A. Mey. ex Kunth 薹草属

多年生草本。根状茎短，具匍匐茎。秆三棱形。叶质硬，长约为秆的1/3。小穗3～5个，顶生1或2个雄性，其余雌性；雌花鳞片下部淡锈色，上部紫褐色，背面中间黄绿色。果囊三棱形，上部急缩成短喙，具2微齿。花果期6—8月。生长于海拔700～3500m的湿草地、沼泽地踏头上、山坡。见于西台亚高山草甸。

粗脉薹草 *Carex rugulosa* Kük. 薹草属

多年生草本。秆三棱柱形，根状茎具粗的地下匍匐枝。叶长于秆，有横隔，基部叶鞘纤维状分裂；苞片叶状，有短鞘；小穗 3 ～ 5，上部 1 ～ 3 为雄小穗，其余为雌小穗。果囊海绵质或木栓质状，钝三棱形，具凸起脉纹，具短喙；小坚果稍紧密地包于果囊中，三棱形。花果期 6—7 月。生于潮湿草地和浅水中。见于山涧口、金河沟等地的阴湿之处。

异穗薹草 *Carex heterostachya* Bge. 薹草属

多年生草本。具匍匐根状茎。叶基生，比秆短，背面密生小乳头状突起，基部具褐色叶鞘。小穗 2 ～ 4，顶端 1 或 2 为雄小穗，其余为雌小穗；雌花鳞片暗紫褐色，背部具 3 条脉。果囊肿胀，三棱形，革质；小坚果有三棱。花果期 4—6 月。生长于海拔 900 ～ 2400m 的干旱山坡、草地、路旁。草皮和地被植物。见于西台亚高山草甸。

菖蒲 *Acorus calamus* L. 菖蒲属

多年生草本。有香气，具粗壮横走根状茎。叶丛生，长线形，先端向一侧偏斜呈剑形，基部扩大成鞘；中脉粗壮，在两面凸起。肉穗花序腋生，花序梗具 3 棱；佛焰苞绿色叶状，与叶近等长；肉穗花序圆柱状；花黄绿色。浆果长圆状，聚生于花序上。花果期 5—9 月。生长于海拔 1100 ～ 1400m 的湿润处。根茎入药。见于山涧口、金河沟等地的阴湿之处。

东北天南星 *Arisaema amurense* Maxim. 天南星属

多年生草本。球茎圆球状。叶 1 枚，趾状，3 ～ 5 全裂。佛焰苞淡绿色或带紫色，有白色条纹，下半部卷成漏斗状；花单性异株，雄花序花疏生，雌花序花密生。浆果红色。花期 6—7 月，果期 9 月。生长于海拔 1400m 的林下、沟旁、潮湿地。块茎入药。见于金河沟、杨家坪北沟。

半夏 *Pinellia ternata* (Thunb.) Breit. 半夏属

多年生草本。球茎近球状。叶二型，幼苗期叶1片，叶卵圆形；成年植株具1至数叶，叶三出全裂；叶柄基部有1个珠芽。肉穗花序顶端有细长尾状附肢，穿过佛焰苞弯曲伸出；佛焰苞下部卷成细管，喉部稍窄缩。浆果具1基生种子。花期6—7月，果期9—11月。生长于海拔900～1200m的林下、林缘、草坡、田间等阴湿之处。块茎入药。见于杨家坪郝家沟。

鸭跖草 *Commelina communis* L. 鸭跖草属

一年生草本。茎自基部匍匐分支，节处常生根。叶卵状披针形，基部有膜质的短叶鞘，白色，有绿脉，鞘口疏生软毛。苞片佛焰苞状，宽心形；花序略伸出佛焰苞；萼片膜质；花瓣深蓝色，有长爪。蒴果2瓣裂，种子有凹点。花果期6—10月。生长于海拔1200m左右的阴湿地。地上部入药。见于杨家坪北沟、西金河口村舍附近。

竹叶子

Streptolirion volubile Edgew.

竹叶子属

一年生草本。茎缠绕。茎分支长，细弱。叶有长柄，顶端尾尖，基部深心形，边缘有细毛；叶鞘常截头，缘有毛。花 2 或 3 朵；花冠直径 5 ～ 6mm；花丝有毛；蒴果与喙长 8 ～ 11mm。花果期 7—10 月。生长于海拔 1400 ～ 1600m 的溪边、林下、山沟、农田旁湿润处。见于杨家坪北沟。

灯心草

Juncus decipiens (Buch.) Nakai.

灯心草属

多年生草本。湿生。根状茎横走，密生须根；茎丛生，圆柱形。叶在下部呈鳞片状，具叶鞘。花序假侧生，聚伞状；总苞片似茎的延伸；花被片 6，披针形，边缘膜质；雄蕊长为花被片的 2/3。蒴果，室背开裂，褐色。花果期 7—9 月。生长于海拔 1100 ～ 1500m 的潮湿处或水沟边。见于山涧口、金河沟等地的阴湿之处。

小灯心草　*Juncus bufonius* L.　灯心草属

一年生草本。茎丛生，基部红褐色。叶片扁平，线形，叶鞘边缘膜质。二歧聚伞花序；总苞片叶状，较花序短；小苞片膜质；花被片6，外轮3枚明显较内轮3枚长；雄蕊长约为花被片的1/2。蒴果三棱状长圆形，褐色；种子黄褐色，具花纹。花果期6—9月。生长于海拔1600m以下的潮湿和沼泽地。见于金河口、杨家坪分沟。

藜芦　*Veratrum nigrum* L.　藜芦属

多年生草本。基部叶鞘残留具网眼的黑色纤维网。叶椭圆形至卵状披针形，近无柄。圆锥花序；顶生总状花序着生两性花，侧生总状花序着生雄花；小花密生，紫黑色；小苞片披针形，背面具绵毛；雄蕊长为花被片的一半。蒴果。花期7—8月，果期8—9月。生长于海拔1000～2000m的山坡林下、林缘或草丛中。见于山涧口、金河沟、杨家坪分沟。

黄花油点草

Tricyrtis maculata (D. Don) Machride

油点草属

多年生草本。叶互生，无柄，长圆形至倒卵形，叶基心形抱茎。二歧聚伞花序；花疏生，花被片黄绿色，内面具多数紫褐色斑点，外轮在基部向下延伸成囊状。蒴果长圆形，具3棱。花期7月，果期9月。生长于海拔1800 ～ 2300m的山地林下、草丛中或路旁等处。见于山涧口、金河口、杨家坪等地的桦木林下。

小黄花菜

Hemerocallis minor Mill.

萱草属

多年生草本。根细，绳索状。叶基生，线形，排成2列。花葶长于叶或近等长；花序不分支或稀为假二歧状分支，常具1 ～ 3花；苞片卵状披针形；花被淡黄色，花被管长1.0 ～ 2.5cm；花被裂片长4 ～ 6cm。蒴果椭圆形或长圆形。花期6—7月，果期7—8月。生长于海拔1500 ～ 2300m的山坡、草地、林下或林缘。花可食用。见于山涧口。

萱草　*Hemerocallis fulva* (L.) L.　萱草属

多年生草本。根近肉质，中下部有纺锤状膨大。叶下呈龙状突起。花葶比叶长，聚伞花序复组成圆锥状，具 6 ～ 12 花；花早上开，晚上凋谢，橘红色至橘黄色；内轮花被片下部有∧形彩斑。蒴果。花果期 5—7 月。栽培植物。观赏。见于金河沟寺庙附近。

有斑百合　*Lilium concolor* Salisb. var. *pulchellum* (Fisch.) Regel.　百合属

多年生草本。鳞茎白色，鳞片卵形。茎具小乳头状突起。叶线状披针形，具 3 ～ 7 脉，边缘有小乳头状突起。花排成近伞形或总状花序；花深红色；花被片长圆状披针形，有黑色斑点。蒴果长圆形。花期 6—7 月，果期 8—9 月。生长于海拔 1100 ～ 2200m 的阳坡草地或林下湿地。花可提制香料。见于杨家坪、金河沟、西台、东台、南台等亚高山草甸。

山丹 *Lilium pumilum* DC. 百合属

多年生草本。鳞茎白色。茎有小乳头状突起。叶线形，边缘密被小乳头状突起，具 1 条明显的中脉。花单生或数朵排成总状花序；花下垂，鲜红色，无斑点；花被片向外反卷。蒴果长圆形。花期 6—7 月，果期 9—10 月。生长于海拔 800 ～ 1600m 的向阳山坡草地或林缘。鳞茎食用、药用；花供观赏。见于金河口郑家沟、金河沟，山涧口，杨家坪杏林地。

卷丹 *Lilium lancifolium* Thunb. 百合属

多年生草本。鳞茎白色。叶长圆状披针形，上部叶腋具黑色珠芽；花 3 ～ 6 朵，排成总状花序；花被片橙红色，密生紫色斑点，开放时反卷，蜜腺两边有乳头状和流苏状突起。蒴果。花期 7—8 月，果期 9—10 月。生长于海拔 1100 ～ 1500m 的山坡灌木林下、草地、路边、水旁。鳞茎食用、药用；花可提制香料。见于金河口郑家沟、金河沟。

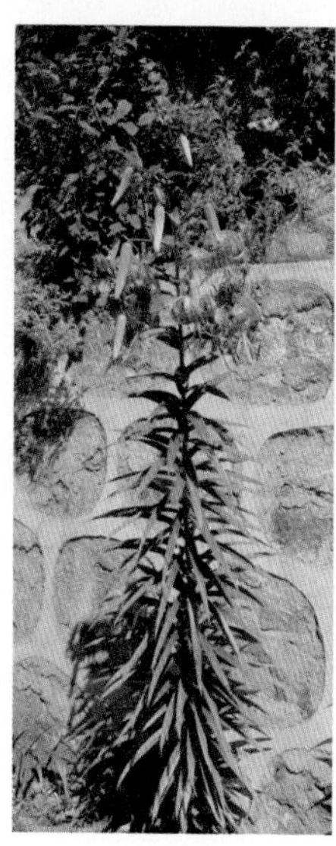

绵枣儿 *Scilla scilloides* (Lindl.) Druce 绵枣儿属

多年生草本。鳞茎卵形，外皮黑褐色。叶基生，2～5片，狭带形。花葶比叶长；总状花序具多花；花紫红色或粉红色，稀白色；苞片线状披针形，膜质；花被片近椭圆形，基部合生而成盘状；雄蕊生花被片基部。蒴果近卵形；种子1～3粒，黑色。花果期7—10月。生长于海拔1300～1600m的山坡、草地、路旁、林缘。见于山涧口。

茖葱 *Allium victorialis* L. 葱属

多年生草本。鳞茎外皮破裂成纤维状，呈明显网状。叶2或3片，倒披针状椭圆形，基部楔形。花葶圆柱状，1/4～1/2被叶鞘；总苞2裂；伞形花序球状，具多而密集的花；花白色；外轮花被片舟状，内轮花被片椭圆状卵形。花果期6—8月。生长于海拔1800m左右的山地林下、阴湿山坡、草地或沟边。嫩叶食用。见于山涧口、金河口等地的桦木林下。

雾灵韭　*Allium plurifoliatum* Rendle var. *stenodon* (Nakai. et Kitag.) J. M. Xu　葱属

多年生草本。鳞茎外皮黑褐色，破裂成纤维状。叶狭线形，短于花葶。伞形花序具多而密集的花；总苞先端具短喙；花蓝色至蓝紫色，外轮花被片舟状卵形；花丝比花被片长 1.5 倍；子房腹缝线基部具有帘的凹陷蜜穴。花果期 7—9 月。生长于海拔 1000 ～ 1800m 的山坡、草地、林下。见于山涧口。

细叶韭　*Allium tenuissimum* L.　葱属

多年生草本。鳞茎数枚聚生，近圆柱状，外皮紫褐色至灰黑色，膜质。叶圆柱状，近等长于花葶。花葶圆柱状，具纵棱；总苞膜质，具短喙；伞形花序，小花梗近等长；花白色或淡红色；花丝长为花被片的 1/2 ～ 2/3，基部合生并；花柱不伸出花被外。花果期 7—9 月。生长于海拔 1200 ～ 2000m 山坡、草地或沙丘上。饲用。见于山涧口、金河口郑家沟。

山韭

Allium senescens L.

葱属

多年生草本。具粗壮的横生根状茎。鳞茎外皮灰褐色至黑色，膜质。叶线形，基部近半圆柱状。花葶近圆柱状，常具2纵棱；总苞2裂；伞形花序具多而密集的花；小花梗近等长；花淡红色至紫红色；外轮花被片舟状，内轮的长圆状卵形；花柱伸出花被外。花果期7—9月。生长于海拔1500 ～ 2000m的山坡、草原、草甸、路旁。见于山涧口、西台、南台向阳的山坡草甸。

薤白

Allium macrostemon Bge.

葱属

多年生草本。鳞茎外皮黑色，纸质或膜质。叶半圆柱状，中空，短于花葶。总苞2裂，膜质；伞形花序具多而密集的花，小花梗近等长，基部具白色膜质小苞片；花淡紫色或淡红色；子房腹缝线基部具有帘的蜜穴，花柱伸出花被外。花果期5—7月。生长于海拔1300m左右的山地林缘、山坡、山谷、丘陵、草地上。鳞茎入药。见于山涧口。

长梗韭

Allium neriniflorum (Herb.) Baker

葱属

多年生草本。植株无葱蒜气味。鳞茎外皮灰黑色，膜质。叶圆柱状，中空。花葶圆柱状，近下部被叶鞘；伞形花序；小花梗不等长，基部具小苞片；花红色至紫红色；花被片基部靠合成管状，分离部分呈星状开展。花果期7—9月。生长于海拔2000m以下的山坡、湿地、草地、海边沙地。见于山涧口。

铃兰

Convallaria majalis L.

铃兰属

多年生草本。叶卵状披针形，基部楔形下延成鞘状互抱的叶柄。苞片披针形，短于花梗，花梗近顶端有关节；花白色，先端6裂，裂片向外反卷。浆果熟时红色；种子表面有网纹。花期5—6月，果期7—8月。生长于海拔1500～2000m的山地阴坡林下潮湿处或沟边。见于山涧口、金河口等地的针阔混交林下。

七筋姑 *Clintonia udensis* Trautv. et Mey. 七筋菇属

多年生草本。根状茎顶端具残存的纤维状叶鞘。叶3或4片，椭圆形或倒卵状矩圆形，基部成鞘状抱茎。总状花序有花3～12朵；花白色，花被片矩圆形。浆果蓝色至蓝黑色。花期5—6月，果期7—9月。生长于海拔1600～2800m的高山疏林下或阴坡疏林下。见于金河口、杨家坪等地的阴坡阔叶林下。

舞鹤草 *Maianthemum bifolium* (L.) F. W. Schmidt 舞鹤草属

多年生草本。根状茎细长，达20cm，节间长1～3cm。基生叶1枚，茎生叶常2枚，互生，三角状卵形，基部心形。总状花序具10～25朵花；花白色，单生或成对；花梗细，有关节。浆果球形，红色至紫红色；种皮黄色，有皱纹。花期5—7月，果期8—9月。生长于海拔1500～2600m的阴坡林下。见于山涧口、杨家坪郝家沟。

玉竹 *Polygonatum odoratum* (Mill.) Druce 黄精属

多年生草本。根状茎圆柱形。叶互生，椭圆形至卵状矩圆形，背面灰白色。花序具 1 ～ 4 朵花；花被黄绿色至白色；花丝近平滑至具乳头状突起。浆果球形，蓝黑色，具 7 ～ 9 粒种子。花期 5—6 月，果期 7—9 月。生长于海拔 1200 ～ 1800m 的林下、山野阴坡。根茎入药。见于金河沟、章家窑；山涧口；杨家坪北沟。

北重楼 *Paris verticillata* M.-Bieb. 重楼属

多年生草本。根状茎细长。叶在茎顶 6 ～ 8 片轮生，倒披针形至狭长椭圆形，基部楔形。外轮花被绿色，叶状，常 4 或 5 片，广披针形至狭卵形；内轮花被片黄绿色，条形；子房紫褐色，花柱 4 或 5 分支，并向外反卷。蒴果浆果状，不开裂。花期 5—6 月，果期 7—9 月。生长于海拔 1100 ～ 2300m 的林下、阴湿地或沟边。见于山涧口、金河沟。

曲枝天门冬 *Asparagus trichophyllus* Bge. 天门冬属

多年生草本。茎中部至上部强烈回折状，上部疏生软骨质齿。叶状枝每5～8枚成簇，刚毛状，茎上部的鳞片状叶基部有刺状距或硬刺。花1或2朵腋生，绿色而稍带紫色，花梗中部有关节。浆果熟时红色；种子黑色。花期5—7月，果期6—8月。生长于海拔2100m以下的山地、路旁、田边或荒地上。见于杨家坪北沟、金河口章家窑。

兴安天门冬 *Asparagus dauricus* Fisch. ex Link 天门冬属

多年生草本。茎和枝有条纹，幼枝具软骨质齿。叶状枝每1～6枚成簇，枝长短不等；鳞片状叶基部无刺。花1或2朵腋生，黄绿色；雄花花被长3～5mm，雌花花被长1.5mm。浆果球形，熟时红色。花期5—6月，果期7—9月。生长于海拔1300～1800m的沙丘或干燥山坡上。见于山涧口、金河口农田果林带。

穿山薯蓣 *Dioscorea nipponica* Makino 薯蓣属

多年生草质藤本。地上茎缠绕。地下根状茎横走，外皮黄褐色，片状剥离，茎左旋。单叶互生，叶宽卵形至卵形，边缘有不等大的三角状裂片，两面具短硬毛，掌状叶脉8～15条。雌雄异株；穗状花序，雄花序长2～3mm；雌花序长4～7mm；花被片6。蒴果具3宽翅。花期7—8月，果期9月。生长于海拔1200～2000m的林缘或灌木丛中。根状茎入药。见于金河沟、杨家坪分沟。

细叶鸢尾 *Iris tenuifolia* Pall. 鸢尾属

多年生草本。根状茎细而坚硬，植株基部被稠密的宿存叶鞘。基生叶丝状，纵卷。花葶高10～20cm；鞘状苞片膨大，呈纺锤形，无脉间横脉；花1或2朵，蓝色或蓝紫色；外轮花被片斜展，上被须毛。蒴果具3棱。花期5月，果期6—7月。生长于海拔1400～1800m的沙地、石质坡地、草原或林下。见于金河口。

马蔺

Iris lactea Pall. var. *chinensis* Koidz

鸢尾属

多年生草本。根状茎短而粗壮，植株基部具稠密的纤维状宿存叶鞘。基生叶多数，两面具凸起的纵脉。花葶多数；苞片叶状，边缘白色宽膜质；花蓝紫色，1 ~ 3 朵；外轮花被片上部具蓝紫色脉纹，中部具黄褐色脉纹。蒴果具 6 棱。花期 5—6 月，果期 6—7 月。生长于海拔 1100 ~ 1400m 的干燥沙质地、沟边草地、河滩、盐碱滩地、路旁。叶纤维可造纸用。见于山涧口、金河口、杨家坪等地。

矮紫苞鸢尾

Iris ruthenica Ker.-Gawl. var. *nana* Maxim.

鸢尾属

多年生草本。根状茎匍匐且细长，植株基部被褐色纤维状宿存叶鞘。基生叶线形，两面具突出纵脉。花葶细弱，长 1 ~ 5cm ；苞片膜质；花单生，蓝紫色，具条纹。蒴果具棱；种子有白色假种皮状的种脊。花期 5—6 月，果期 6—7 月。生长于海拔 1000 ~ 2300m 的山坡草地、疏林下、草甸、路旁。见于山涧口、杨家坪九厂。

斑花杓兰 *Cypripedium guttatum* Sw. 杓兰属

多年生草本。根状茎细长横生，茎基部有棕色叶鞘。叶2片，椭圆形，基部楔形或近圆形抱茎。苞片叶状；花1朵，白色，有紫色斑点；中萼片卵状椭圆形，合萼片近线形；花瓣与合萼片约等长；蒴果纺锤形，纵裂。花期6—7月，果期7—8月。生长于海拔1650～2490m的山地阴坡林下或草地。见于山涧口。

大花杓兰 *Cypripedium macranthum* Sw. 杓兰属

多年生草本。根状茎横生，茎基部有棕色叶鞘。茎生叶椭圆形，3～5片，基部狭楔形成鞘状，抱茎。花单生，紫红色；花瓣卵状披针形，稍长于中萼片；唇瓣基部与囊的内面底部具长柔毛；柱头近菱形，子房圆柱形。蒴果纺锤形，有纵棱。花期6月，果期7—8月。生长于海拔1600～2300m的阴坡林下、山坡草地或河沟。花供观赏。见于山涧口。

北方红门兰 *Orchis roborovskii* Maxim. 红门兰属

多年生草本。无块茎，有根状茎。叶1片，近基生，叶片卵圆形或椭圆形，基部渐狭而成鞘状叶柄，无毛。总状花序顶生，疏松排列；苞片叶状，披针形，最下部1个常长于花；花紫红色，萼片近等长，花瓣较萼片稍短；子房扭曲。花期5—6月，果期7—8月。生长于海拔1400～2300m的高山草甸、林下、沟谷、林间空地等阴湿环境。见于西台、东台的高山草甸。

二叶舌唇兰 *Platanthera chlorantha* Cust. ex Reichb. 舌唇兰属

多年生草本。块茎1或2个。茎基部有1或2个叶鞘。叶常为2个，近基生，椭圆状倒卵形，基部渐狭成柄；茎中部有时有小叶1～3片，披针形。总状花序长20cm，具10余朵花；花白色或白绿色；萼片绿色；子房弓曲，无毛。花期6—7月，果期8—9月。生长于海拔1400m左右的阴坡林下。见于金河沟、山涧口破车路。

二叶兜被兰 *Neottianthe cucullata* (L.) Schltr. 兜被兰属

多年生草本。块茎球形或卵形。叶2片，不等大，近对生，卵形至披针形，具鞘状柄。总状花序，花偏向一侧排列；花淡红色或紫红色；萼片披针形，中部以下靠合成兜状；花瓣较萼片狭且短；唇瓣前伸，距下垂；花粉块柄极短，黏盘近圆形；子房扭转。花期8月，果期9月。生长于海拔1200～1800m的阴坡林下。观赏。见于金河口章家窑附近山坡、路边。

手参 *Gymnadenia conopsea* R. Br. 手参属

多年生草本。块茎1或2个，掌状分裂，肉质。叶3～7片，基部狭长成鞘状，抱茎。总状花序，花多且密，圆柱状，长10～14cm；花紫色或粉红色；侧萼片常长于中萼片，反折；花瓣宽于萼片，斜卵状三角形；唇瓣3裂，距圆筒状，下垂；子房扭转。花期7—8月。生长于海拔1600～2300m的阴坡林下、林缘、高山草甸内。见于山涧口、西台亚高山草甸。

对叶兰 *Listera puberula* Maxim. 对叶兰属

多年生草本。根状茎极短，根纤细。叶 2 片，对生，宽卵形，无柄，生茎中部。花数朵，排列成稀疏的总状花序；花瓣狭窄，稍短于萼片；唇瓣舌状 2 裂，裂间有小尖头；蕊柱弓状弯曲。花期 7—8 月，果期 8—9 月。生长于海拔 1500m 左右的阴坡林下阴湿处。见于金河口、山涧口阔叶林带桦木林下。

绶草 *Spiranthes sinensis* (Pers.) Ames 绶草属

多年生草本。根肉质。叶 3 ～ 5 片，线状披针形，生茎下部。总状花序，花序轴螺旋状扭曲，有腺毛；花淡红色；侧萼片似中萼片但斜形而稍狭；唇瓣中部以上呈皱波状，基部两侧各有 1 胼胝体；柱头马蹄形，子房扭转，有腺毛。蒴果具 3 棱。花期 6—7 月，果期 8—9 月。生长于海拔 1600m 左右的山坡灌木丛、湿生草甸中。见于山涧口阴湿草地。

沼兰 *Malaxis monophyllos* (L.) Sw. 沼兰属

多年生草本。假鳞茎外被多数白色膜质鞘，茎基部有膜质叶鞘。基生叶1或2片，膜质，基部渐狭成鞘状叶柄。总状花序，序轴有狭翅；花小，黄绿色，侧萼片与中萼片相似但斜形，花瓣稍短于萼片；唇瓣先端尾尖状，上部边缘外卷，有疣状突起，基部有耳状侧裂片；蕊柱扁，有翅；花梗扭转。蒴果椭圆形。花期7—8月，果期8—9月。生长于海拔1000～2800m的山地阴坡林下、亚高山草甸中。见于金河口针叶林下、山涧口破车路。

参考文献

河北植被编辑委员会 . 河北植被 . 北京：科学出版社，1996.

贺士元 . 河北植物志（第一卷）. 石家庄：河北科学技术出版社，1986.

贺士元 . 河北植物志（第二卷）. 石家庄：河北科学技术出版社，1988.

贺士元 . 河北植物志（第三卷）. 石家庄：河北科学技术出版社，1991.

贺学礼 . 植物学 . 北京：高等教育出版社，2004.

贺学礼 . 植物学实验实习指导 . 北京：高等教育出版社，2004.

姜在民，党坤良 . 生物学综合实习教程（第二版）. 北京：高等教育出版社，2013.

李盼威，李斌，杜鹃 . 小五台山常见植物图鉴 . 石家庄：河北科学技术出版社，2016.

刘全儒，邵小明，张志翔 . 北京山地植物学野外实习手册 . 北京：高等教育出版社，2014.

刘全儒，张潮，康慕谊 . 小五台山种子植物区系研究 . 植物研究，2004，24(4)：499-506.

王荷生 . 华北植物区系地理 . 北京：科学出版社，1997.

肖娅萍，田先华 . 植物学野外实习手册 . 北京：科学出版社，2011.

张厌非，马天贵 . 小五台山植物 . 河北：河北省小五台山自然保护区管理处，1988.

赵建成，郭书彬，李盼威 . 小五台山植物志（上卷，下卷）. 北京：科学出版社，2011.

中文名称索引
（按拼音顺序，数字为描述所在页）

E

F

G

H

J

K

L

M

N

Y

Z

拉丁名称索引

（按英文字母顺序，数字为描述所在页）

A

B

C

D

E

F

G

Q

R

S

T